AF384921

FERRET 2875

FERRET 2875

ÉLÉMENTS

D'ALGÈBRE

EXTRAITS DE BEZOUT.

NOUVELLE ÉDITION

MISE EN ACCORD AVEC LE SYSTÈME DÉCIMAL

Par M. HONORÉ REGODT

ANCIEN PROFESSEUR DE SCIENCES
A L'ASSOCIATION PHILOTECHNIQUE DE PARIS.

PARIS.

IMPRIMERIE ET LIBRAIRIE CLASSIQUES

DE JULES DELALAIN

IMPRIMEUR DE L'UNIVERSITÉ

Rues de la Sorbonne, des Écoles et des Mathurins.

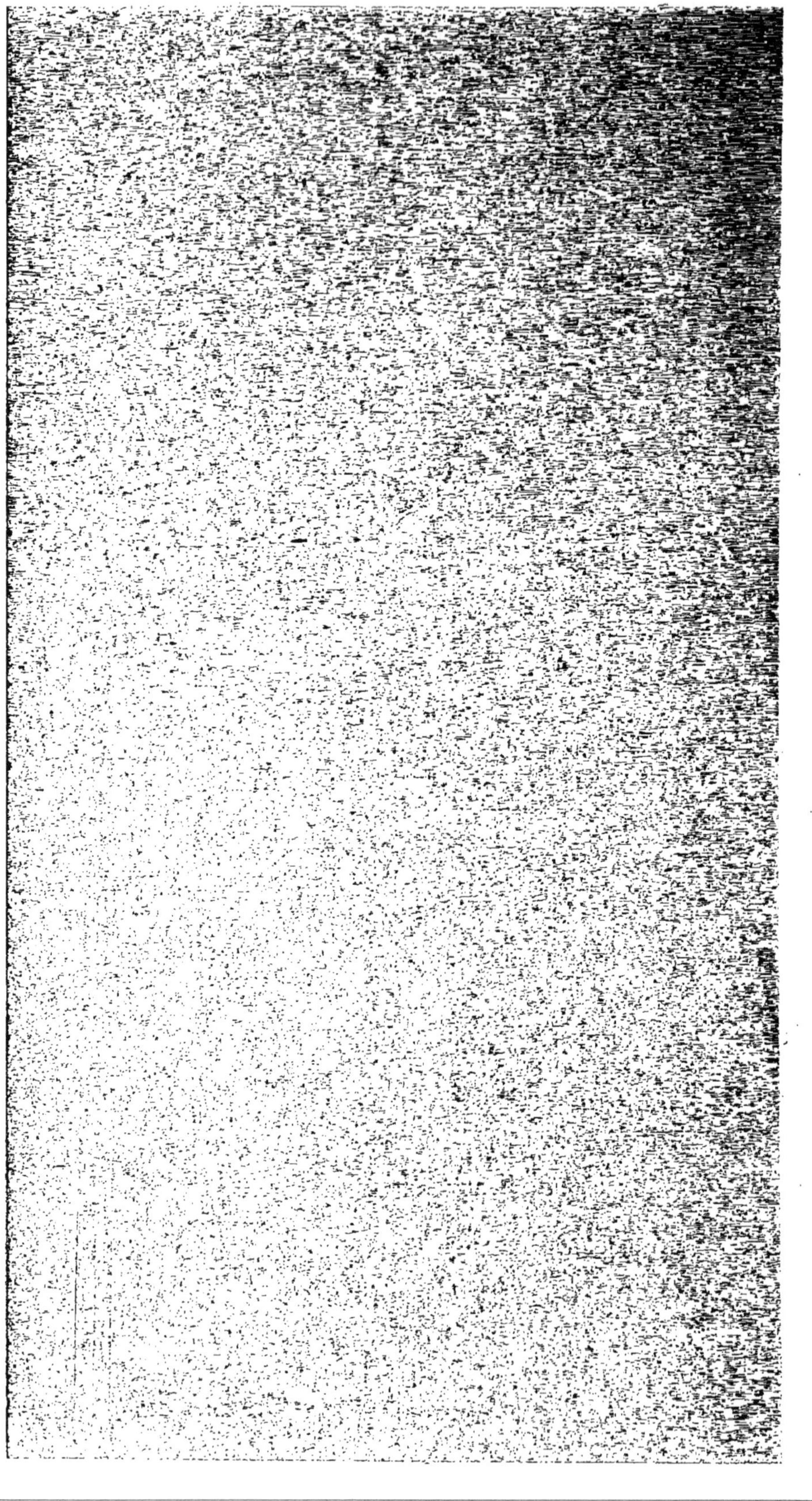

ÉLÉMENTS

D'ALGÈBRE.

On trouve à la même librairie :

Éléments d'Arithmétique, par *Bezout :* nouvelle édition mise en accord avec le système décimal et précédée d'un précis des poids et mesures, par *M. Honoré Regodt,* professeur de sciences à l'Association philotechnique de Paris ; 1 vol. in-12, avec figures.

Éléments de Géométrie, par *Clairaut :* nouvelle édition revue et mise en accord avec le système décimal, par *M. Honoré Regodt ;* 1 vol. in-12, avec figures.

Notions de Physique applicables aux usages de la vie, à l'usage des élèves des écoles primaires et normales et des maisons d'éducation, par *M. Honoré Regodt ;* 1 vol. in-12, avec des gravures intercalées dans le texte.

Notions de Chimie applicables aux usages de la vie, à l'usage des élèves des écoles primaires et normales et des maisons d'éducation, par *M. Honoré Regodt ;* 1 vol· in-12, avec des gravures intercalées dans le texte.

ÉLÉMENTS

D'ALGÈBRE

EXTRAITS DE BEZOUT.

NOUVELLE ÉDITION

MISE EN ACCORD AVEC LE SYSTÈME DÉCIMAL

Par M. HONORÉ REGODT

ANCIEN PROFESSEUR DE SCIENCES
A L'ASSOCIATION PHILOTECHNIQUE DE PARIS.

BIBLIOTHÈQUE IMPÉRIALE IMPR.

PARIS.

IMPRIMERIE ET LIBRAIRIE CLASSIQUES

De JULES DELALAIN

IMPRIMEUR DE L'UNIVERSITÉ

Rues de la Sorbonne, des Écoles et des Mathurins.

———

M DCCC LVII.

Tout contrefacteur ou débitant de contrefaçons de cette édition sera poursuivi conformément aux lois ; tous les exemplaires sont revêtus de ma griffe.

Page 107, ligne 25, lisez :
au lieu de :
$$x^3 + ax^2 + abx + abc,$$
$$x^4 + ax^2 + abx + abc.$$

Page 118, avant-dernière ligne, lisez :
au lieu de :
$$-60\,ab - 25\,b^2,$$
$$+60\,ab - 25\,b^2.$$

Page 120, ligne 23, lisez :
au lieu de :
$$\dots + 10\,a^3 b^2 +,$$
$$\dots + 10\,a^5 b^2 +.$$

ÉLÉMENTS

D'ALGÈBRE.

Notions préliminaires.

1. *Définitions.* — Le but de la science qu'on appelle *Algèbre* est de donner les moyens de ramener à des règles générales la résolution de toutes les questions qu'on peut proposer sur les quantités.

Ces règles, pour être générales, ne doivent pas dépendre des valeurs particulières des quantités que l'on considère, mais bien de la nature de chaque question, et doivent être toujours les mêmes pour toutes les questions d'une même espèce.

2. *Emploi des lettres et des signes.* — Il suit de là que l'algèbre ne doit point se borner à employer, pour représenter les quantités, les mêmes caractères ou les mêmes signes que l'arithmétique. En effet, lorsque par les règles de celle-ci, on est parvenu à un résultat, rien ne retrace plus à l'esprit le chemin qui y a conduit. Qu'une ou plusieurs opérations arithmétiques nous aient donné 12 pour résultat, nous ne voyons rien dans 12 qui indique si ce nombre est venu de la multiplication de 3 par 4, ou de 2 par 6, ou de l'addition de 5 avec 7, ou de 2 avec 10, ou, en général, de toute autre combinaison d'opérations.

L'arithmétique donne des règles pour trouver certains résultats ; mais ces résultats ne peuvent pas fournir des règles : l'algèbre doit remplir ces deux objets ; et pour y parvenir, elle représente les quantités par les lettres de l'alphabet, qui, n'ayant aucune relation plus particulière avec un nombre qu'avec tout autre, ne représentent que ce qu'on veut ou ce que l'on convient de leur faire représenter. Ces lettres, toujours présentes aux yeux dans toute la suite d'un calcul, conservent, pour ainsi dire, l'empreinte des opérations par lesquelles elles passent, ou du moins offrent dans les résultats de ces opérations des traces de la route qu'on peut tenir pour arriver au même but par les moyens les plus simples.

Non-seulement on représente, en algèbre, les quantités par des lettres : on y représente aussi, à l'aide de signes, leur manière d'être les unes à l'égard des autres, et les différentes opérations qu'on a dessein de faire sur elles : en un mot, tout est représentation ; et lorsqu'on dit qu'on fait une opération, c'est une nouvelle forme qu'on donne à une quantité. Nous ferons connaître successivement ces différentes manières de représenter ce qui a rapport aux quantités.

Des opérations fondamentales sur les quantités considérées généralement.

3. On fait, en algèbre, sur les quantités représentées par des lettres, des opérations analogues à celles qu'on fait en arithmétique sur les nombres ; c'est-à-dire qu'on les ajoute, on les soustrait, on les multiplie, on les divise, etc. Mais ces opérations diffèrent de celles de l'arithmétique, en ce que leurs résultats ne sont souvent que des indications d'opérations arithmétiques.

De l'addition et de la soustraction.

4. *Addition.* — L'addition des quantités semblables n'a besoin d'aucune règle ; il est évident que pour ajouter une quantité représentée par a, avec la même quantité a, il faut écrire $2a$. Pour ajouter $2a$ avec $3a$, il faut écrire $5a$, et ainsi de suite.

1.

Quant aux quantités dissemblables, et qu'on représente toujours par des lettres différentes, on ne fait qu'indiquer leur addition par le moyen de ce signe $+$, qui se prononce *plus*.

Ainsi, si l'on veut ajouter une quantité représentée par a, avec une autre représentée par b, on ne peut faire qu'écrire $a + b$; de sorte qu'on ne connaît véritablement le résultat que quand on connaît les valeurs particulières des quantités représentées par a et par b; si a vaut 5, et b 12, $a + b$ vaudra 17.

De même, pour ajouter

$$5a + 3b$$

avec

$$9a + 2c$$

et

$$9b + 3d$$

on écrira

$$5a + 3b + 9a + 2c + 9b + 3d$$

que l'on réduit à

$$14a + 12b + 2c + 3d$$

en réunissant les quantités semblables.

5. *Soustraction.* — Il y a le même raisonnement à faire sur la soustraction que sur l'addition. Si les quantités sont semblables, on n'a besoin d'aucune règle : il est évident que si de $5a$ on veut retrancher $2a$, il reste $3a$.

6. Mais si les quantités sont dissemblables, on ne peut qu'indiquer la soustraction à l'aide de ce signe $-$, qu'on prononce *moins*.

Ainsi, si l'on a b à retrancher de a, on écrira $a - b$.
Pour retrancher $3b$ de $5a$, on écrira $5a - 3b$.
Si de

$$9a + 6b$$

on veut retrancher

$$5a + 4b$$

on écrira

$$9a + 6b - 5a - 4b$$

que l'on réduit à

$$4a + 2b$$

en faisant déduction sur les quantités semblables; ce qu'on appelle *faire la réduction*.

7. *Coefficient.* — Un nombre qui précède une lettre ou une quantité s'appelle le *coefficient* de cette lettre

ou de cette quantité : ainsi dans $3\,b$, 3 est le coefficient de b ; dans $3\,abc$, 3 est le coefficient de la quantité abc. Lorsqu'une lettre doit avoir 1 pour coefficient, on ne met point ce coefficient : ainsi lorsque de $3\,a$ on retranche $2\,a$, il reste $1\,a$; on écrit seulement a. Il faut donc bien se garder de croire que le coefficient d'une lettre, lorsqu'il ne paraît point, soit zéro ; il est alors l'unité ou 1.

8. Il importe peu dans quel ordre on écrive les quantités qu'on ajoute ou qu'on retranche ; si l'on a a à ajouter avec b, on peut indifféremment écrire $a + b$ ou $b + a$; et pour retrancher b de a, on peut écrire également $a - b$ ou $- b + a$.

9. Remarquons encore que lorsqu'une quantité n'a point de signe, elle est censée avoir le signe $+$; a signifie $+\,a$. On est dans l'usage de supprimer le signe, dans la quantité qu'on écrit la première, lorsque cette quantité doit avoir le signe $+$; mais si elle devait avoir le signe $-$, il ne faudrait pas l'omettre.

10. Lorsqu'à la suite d'une opération, on fait la réduction, il peut arriver que la quantité précédée du signe $-$ ait un coefficient plus grand que celui de la quantité semblable précédée du signe $+$; mais, dans tous les cas, l'opération se réduit à cette règle générale :

L'addition des quantités algébriques se fait en écrivant leurs parties à la suite les unes des autres avec leurs signes tels qu'ils sont : on réduit ensuite les quantités semblables à une seule, en réunissant d'une part toutes celles qui ont le signe $+$, et d'une autre part, toutes celles qui ont le signe $-$; enfin on retranche le plus petit résultat du plus grand, et on donne au reste le signe qu'avait le plus grand.

11. Si à la suite d'une opération, on trouvait $14\,a + 12\,b + 2\,c + 3\,d + a + b + 4\,d - 4\,c$, on réduirait cette quantité à $15\,a + 13\,b - 2\,c + 7\,d$; dans laquelle, au lieu de $2\,c - 4\,c$ qu'on avait dans la première, on a écrit $-2\,c$, parce qu'ayant $4\,c$ à retrancher d'une quantité dans laquelle il n'y a que $2\,c$ qui s'offrent immédiatement, il faut marquer qu'il reste encore $2\,c$ à retrancher sur la totalité des autres quantités.

Exemple.

On veut ajouter les quatre quantités suivantes :

$$5\,a + 3\,b - 4\,c$$
$$2\,a - 5\,b + 6\,c + 2\,d$$
$$a - 4\,b - 2\,c + 3\,e$$
$$7\,a + 4\,b - 3\,c - 6\,e$$

Somme, $5\,a + 3\,b - 4\,c + 2\,a - 5\,b + 6\,e + 2\,d + a - 4\,b - 2\,c + 3e + 7\,a + 4\,b - 3\,c - 6\,e.$

Faisant la réduction, on a pour les a, $15\,a$; pour les b, on a $+7\,b$ d'une part et $-9\,b$ de l'autre, et par conséquent $-2\,b$ pour reste; pour les c, on a $-9\,c$ d'une part, et $+6\,c$ de l'autre, et par conséquent $-3\,c$ pour reste; réduisant les autres de même, on trouve enfin $15\,a - 2\,b - 3\,c + 2\,d - 3\,e.$

12. *Termes.* — Les quantités séparées par les signes $+$ et $-$ s'appellent les *termes* des quantités dont elles font partie. On appelle *termes semblables* ceux qui ont les mêmes lettres avec les mêmes exposants. Ainsi $3\,a^2 b^3 c$ et $-4\,a^2 b^3 c$ sont des termes semblables.

13. *Monômes, polynômes.* — Une quantité est appelée *monôme, binôme, trinôme,* etc., selon qu'elle est composée de 1, ou de 2, ou de 3, etc., termes; et une quantité composée de plusieurs termes dont on ne définit pas le nombre, s'appelle en général un *polynôme.*

14. *Pour soustraire une quantité algébrique d'une autre, changez les signes des termes de la quantité*

que vous devez soustraire, c'est-à-dire changez $+$ en $-$, et $-$ en $+$; ajoutez ensuite cette quantité, ainsi changée, avec celle dont on doit soustraire, et réduisez.

Exemple.

De	$6\,a - 3\,b + 4\,c$
retranchez	$5\,a - 5\,b + 6\,c$
on a	$6\,a - 3\,b + 4\,c - 5\,a + 5\,b - 6\,c$
et après réduction	$a + 2\,b - 2\,c.$

Pour expliquer cette règle, prenons un exemple plus simple.

Supposons que de a on veuille retrancher b; il est évident que l'on doit écrire $a - b$; mais si de a on voulait retrancher $b - c$, je dis qu'il faut écrire $a - b + c$; en effet, il est clair qu'ici ce n'est pas b tout entier qu'il s'agit de retrancher, mais seulement b diminué de c; si donc on retranche d'abord b tout entier en écrivant $a - b$, il faut ensuite, pour compenser, ajouter ce qu'on a ôté de trop; il faut donc ajouter c, il faut donc écrire $a - b + c$, c'est-à-dire qu'il faut changer les signes de tous les termes de la quantité qu'on doit soustraire.

15. Les quantités précédées du signe $+$, se nomment quantités *positives*; et celles qui sont précédées du signe $-$, se nomment quantités *négatives*.

De la multiplication.

16. *Multiplication.* — On doit se former de la multiplication algébrique la même idée que de la multiplication arithmétique. Ainsi, multiplier a par b, c'est prendre la quantité représentée par a, autant de fois qu'il y a d'unités dans la quantité représentée par b.

17. Mais comme le but est ici de faire ou de représenter la multiplication indépendamment des valeurs

numériques des quantités, il faut convenir des signes par lesquels nous indiquerons cette multiplication.

Outre le signe $\times$, par lequel nous avons dit, dans l'arithmétique, que l'on désignait la multiplication, on fait aussi usage du point, que l'on interpose entre les deux quantités qu'on doit multiplier; de sorte que $a \cdot b$ et $a \times b$ ont la même signification.

On indique encore la multiplication (du moins entre les quantités monômes) en ne mettant aucun signe entre le multiplicande et le multiplicateur; ainsi $a \times b$, $a \cdot b$, ab sont trois expressions dont chacune désigne qu'on doit multiplier a par b. Cette dernière est la plus usitée.

18. La multiplication algébrique comprend deux cas : la multiplication des monômes et la multiplication des polynômes.

19. *Multiplication des monômes.* — Pour multiplier un monôme par un monôme, il faut suivre : 1º la règle des lettres, 2º la règle des exposants, 3º la règle des coefficients, 4º la règle des signes.

20. *Règle des lettres.* — Pour multiplier ab par c, on écrira abc. Pour multiplier ab par cd, on écrira $abcd$, et ainsi de suite : il importe peu d'ailleurs dans quel ordre ces lettres soient écrites, parce que le produit est toujours le même dans quelque ordre qu'on multiplie.

De cette manière de représenter la multiplication des quantités monômes, il suit que *le produit de la multiplication de plusieurs quantités algébriques monômes doit renfermer toutes les lettres qui se trouvent tant dans le multiplicande que dans le multiplicateur.*

21. Si les quantités qu'on doit multiplier étaient composées de la même lettre, cette lettre se trouverait donc écrite dans le produit autant de fois qu'elle l'est

dans tous les facteurs ensemble, quel que soit le nombre des quantités qu'on a à multiplier.

Ainsi a multiplié par a donnerait aa; aa multiplié par aaa, donnerait $aaaaa$: aa multiplié par aaa et multiplié encore par a, donnerait $aaaaaa$.

Dans ce cas, on est convenu de n'écrire cette lettre qu'une seule fois, mais d'indiquer, par un chiffre qu'on appelle *exposant*, et qu'on place sur la droite et un peu au-dessus de la lettre, combien de fois cette lettre est facteur, ou combien de fois elle doit être écrite.

Au lieu de aa, on écrira donc a^2; au lieu de aaa, on écrira a^3; au lieu de $aaaaa$, on écrira a^5, et ainsi des autres.

22. *Exposants.* — Souvenons-nous donc à l'avenir que *l'exposant d'une lettre indique combien de fois cette lettre est facteur dans un produit.*

Dans $a^3 b^2 c$ il y a trois facteurs de valeurs différentes, savoir : a, b, c; mais, de ces lettres, la première est facteur trois fois; la seconde, deux fois, et la troisième une fois : en effet, $a^3 b^2 c$ équivaut à $aaabbc$.

Puisque l'exposant indique combien de fois la quantité est facteur, il indique donc aussi à quelle puissance cette quantité est élevée.

Ainsi dans a^5 l'exposant 5 signifie que a est élevé à la cinquième puissance.

23. Il faut bien se garder de confondre l'exposant avec le coefficient; de confondre, par exemple, a^2 avec $2a$, a^3 avec $3a$: dans $2a$, le coefficient 2 signifie que a est ajouté avec a, c'est-à-dire que $2a$ équivaut à $a + a$; mais dans a^2 l'exposant 2 indique que la lettre a devait être écrite deux fois de suite sans aucun signe; qu'elle est multipliée par elle-même, ou enfin qu'elle est facteur deux fois; c'est-à-dire que a^2 équivaut à $a \times a$; de sorte que si a vaut 5, par exemple, $2a$ vaut 10 ; mais a^2 vaut 25.

24. *Règle des exposants*. — On voit donc que *pour multiplier deux quantités monômes qui auraient des lettres communes, on peut abréger l'opération en ajoutant les exposants des lettres semblables du multiplicande et du multiplicateur.*

Ainsi pour multiplier a^5 par a^3, j'écris a^8, c'est-à-dire que j'écris la lettre a en lui donnant pour exposant les deux exposants 5 et 3 réunis. De même pour multiplier $a^3 b^2 c$ par $a^4 b^3 c d$, j'écris $a^7 b^5 c^2 d$, en écrivant d'abord toutes les lettres différentes $a b c d$, et donnant ensuite à la première pour exposant 7 qui est la somme des exposants 3 et 4 ; à la seconde, 5 qui est la somme des deux exposants 2 et 3, et à la troisième, 2 qui est la somme des deux exposants 1 et 1 ; car, bien que l'exposant de c ne soit pas écrit, on doit sous-entendre qu'il est 1, puisque c est facteur une fois.

Donc *toute lettre dont l'exposant n'est point écrit, est censée avoir 1 pour exposant ; et réciproquement, toutes les fois qu'une lettre devra avoir 1 pour exposant, on peut se dispenser d'écrire cet exposant.*

25. *Règle des coefficients*. — Quand les quantités monômes sont précédées d'un chiffre, c'est-à-dire d'un coefficient, il faut commencer la multiplication par ce coefficient, et cette multiplication se fait suivant les règles de l'arithmétique.

Ainsi pour multiplier $5a$ par $3b$, je multiplie d'abord 5 par 3, puis a par b, et je trouve $15ab$ pour produit. De même, si j'ai $12 a^3 b^2$ à multiplier par $9 a^4 b^3$, j'aurai $108 a^7 b^5$.

26. *Règle des signes*. — Deux monômes de même signe donnent un produit positif, et deux monômes de signes contraires donnent un produit négatif. Cette règle des signes sera développée dans la multiplication des polynômes.

1.

Exemple de multiplication de deux monômes :

$$5\,a^3b^3c^2 \times -7\,a^2bcm = -35\,a^5b^4c^3m.$$

27. *Multiplication des polynômes.* — Il faut, pour la multiplication des quantités polynômes, suivre le même procédé qu'on suit en arithmétique pour les nombres qui ont plusieurs chiffres, c'est-à-dire qu'il faut multiplier successivement chacun des termes du multiplicande par chacun des termes du multiplicateur, et cela en suivant les règles que nous venons de donner pour les monômes. On n'est point assujetti, comme en arithmétique, à opérer en allant de droite à gauche, plutôt que de gauche à droite; cela est indifférent; nous prendrons même ce dernier parti qui est le plus en usage.

Exemple I.

On propose de multiplier $a + b$
par $c + d$
Produit $ac + bc + ad + bd.$

$1°$ Je multiplie a par c, ce qui (17) me donne ac. $2°$ Je multiplie b par c, ce qui me donne bc; j'ajoute ce second produit au premier en les unissant par le signe $+$, et j'ai $ac + bc$ pour produit de $a + b$ par c.

Je multiplie de même a et b par d, ce qui me donne $ad + bd$, qui, joint au premier produit, donne $ac + bc + ad + bd$. En effet, multiplier $a + b$ par $c + d$, c'est prendre non-seulement a, mais encore b, autant de fois qu'il y a d'unités dans la totalité de $c + d$, c'est-à-dire autant de fois qu'il y a d'unités dans c, plus autant de fois qu'il y a d'unités dans d.

Exemple II.

On propose de multiplier $a - b$
par $c - d$
Produit $ac - bc - ad + bd.$

Après avoir multiplié a par c, ce qui donne ac, je multiplie b par c, ce qui donne bc; mais au lieu d'ajouter ce dernier produit au premier, je l'en retranche, parce qu'en multipliant a tout entier, ainsi qu'on le fait par la première opération, il est visible qu'on y multiplie de trop la quantité b dont a devait être diminué ; il faut donc ôter de ce produit la quantité b multipliée par c, c'est-à-dire ôter bc.

On trouvera de même que $a - b$ multiplié par d donne $ad - bd$; mais comme le signe du multiplicateur actuel d est $-$, on retranchera ce second produit du premier, et (14) l'on aura $ac - bc - ad + bd$.

En effet, puisque le multiplicateur $c - d$ est moindre que c, de la quantité d, il indique qu'il ne faut prendre le multiplicande qu'autant de fois qu'il y a d'unités dans c diminué de d : or il est clair qu'ayant pris d'abord $a - b$ autant de fois qu'il y a d'unités dans c, le produit est trop grand de la valeur de $a - b$ pris autant de fois qu'il y a d'unités dans d ; il faut donc retrancher le produit de $a - b$ par d.

28. Si l'on fait attention aux signes des termes qui composent le produit total $ac - bc - ad + bd$, et qu'on les compare avec les signes des termes du multiplicande et du multiplicateur qui les ont donnés, on verra :

1º Que le terme a qui est censé avoir le signe $+$, étant multiplié par le terme c qui est censé aussi avoir le signe $+$, a donné pour produit ac qui est censé avoir le signe $+$;

2º Que le terme b qui a le signe $-$, étant multiplié par le terme c qui est censé avoir le signe $+$, a donné pour produit bc avec le signe $-$;

3º Que le terme a qui a le signe $+$, multiplié par le terme d, qui a le signe $-$, a donné pour produit ad avec le signe $-$;

4º Enfin, que le terme b qui a le signe $-$, étant multiplié par le terme d qui a aussi le signe $-$, a donné pour produit le terme bd qui a le signe $+$.

Donc, à l'avenir, nous pourrons reconnaître facilement, dans les multiplications partielles, si les produits particuliers doivent être ajoutés ou retranchés ; il suffira pour cela d'employer les deux règles suivantes que nous fournissent les observations que nous venons de faire.

29. Règle des signes. — Si les deux termes que l'on doit multiplier ont tous deux le même signe, c'est-à-dire, ou tous deux $+$, ou tous deux $-$; leur produit aura toujours le signe $+$. Si au contraire ils ont différents signes, c'est-à-dire, l'un $+$ et l'autre $-$, ou l'un $-$ et l'autre $+$; leur produit aura toujours le signe $-$.

30. A l'aide de ces règles, on est en état de faire toute multiplication algébrique. Mais pour procéder avec méthode, on suivra d'abord la règle des signes, puis celle des coefficients, enfin celle des lettres et des exposants.

Avant de commencer une multiplication de polynômes, il faut aussi *ordonner* chacun des polynômes par rapport à une même lettre et de la même manière. On entend par ordonner un polynôme, écrire ses différents termes de manière que dans chacun d'eux l'exposant soit de plus en plus faible, ou de plus en plus fort; la première manière d'ordonner s'appelle par puissances décroissantes d'une lettre, et la seconde par puissances croissantes.

Terminons par un exemple où toutes ces règles soient appliquées. Les deux polynômes sont ordonnés par puissances décroissantes de la lettre a.

Exemple III.

$$
\begin{array}{ll}
\text{On propose de multiplier} & 5\,a^4 - 2\,a^3\,b + 4\,a^2\,b^2 \\
\text{par} & a^3 - 4\,a^2\,b + 2\,b^3 \\
\hline
& 5\,a^7 - 2\,a^6\,b + 4\,a^5\,b^2 \\
& \quad\; - 20\,a^6\,b + 8\,a^5\,b^2 - 16\,a^4\,b^3 \\
& \qquad\qquad + 10\,a^4\,b^3 - 4\,a^3\,b^4 + 8\,a^2\,b^5 \\
\hline
\end{array}
$$

Produit, $\quad 5\,a^7 - 22\,a^6\,b + 12\,a^5\,b^2 - 6\,a^4\,b^3 - 4\,a^3\,b^4 + 8\,a^2\,b^5.$

Je multiplie successivement les trois termes $5a^4$, $- 2a^3 b$, $+ 4a^2 b^2$, par le premier terme a^3 du multiplicateur. Les deux termes $5a^4$ et a^3 ayant le même signe, le produit doit (29) avoir le signe $+$; mais j'omets ce signe, parce qu'il appartient (9) au premier terme du produit. Je multiplie ensuite le coefficient 5 de a par le coefficient 1 de a^3, ce qui me donne 5; enfin multipliant a^4 par a^3 selon la règle donnée (24), c'est-à-dire ajoutant les deux exposants 4 et 3, j'ai a^7, et par conséquent $5a^7$ pour produit.

Je passe au terme $- 2a^3 b$; et pour le multiplier par a^3, je vois que les signes de ces deux quantités étant différents, le produit doit avoir le signe $-$; je multiplie ensuite le coefficient 2 de $a^3 b$ par le coefficient 1 de a^3, et enfin $a^3 b$ par a^3, et j'ai $- 2a^6 b$ pour produit.

Par un procédé semblable, le terme $+ 4a^2 b^2$ multiplié par a^3 donnera $+ 4a^5 b^2$.

Après avoir multiplié tous les termes du multiplicande par a^3, il faut les multiplier par le second terme $- 4a^2 b$ du multiplicateur. Le terme $5a^4$, multiplié par $- 4a^2 b$ de signe différent, donnera $- 20a^6 b$; le terme $- 2a^3 b$, multiplié par $- 4a^2 b$ de même signe, donnera $+ 8a^5 b^2$: et le terme $+ 4a^2 b^2$ multiplié par $- 4a^2 b$ de signe différent donnera $- 16a^4 b^3$.

Enfin on passera à la multiplication par le terme $+ 2b^3$, et en suivant les mêmes règles, on trouvera $+ 10a^4 b^3$, $- 4a^3 b^4$, $+ 8a^2 b^5$ pour les trois produits partiels.

Ajoutant tous ces produits, et faisant la réduction, on a $5a^7 - 22a^6 b + 12a^5 b^2 - 6a^4 b^3 - 4a^3 b^4 + 8a^2 b^5$ pour produit total.

31. Pour se familiariser avec la pratique de cette règle, on étudiera les exemples suivants :

Exemple IV.   *Exemple V.*   *Exemple VI.*

$$a + b \qquad a + b \qquad a^2 + 2ab + b^2$$
$$a - b \qquad a + b \qquad a + b$$

$$a^2 + ab \qquad a^2 + ab \qquad a^3 + 2a^2 b + ab^2$$
$$- ab - b^2 \qquad + ab + b^2 \qquad + a^2 b + 2ab^2 + b^3$$

$$a^2 - b^2 \qquad a^2 + 2ab + b^2 \qquad + a^3 + 3a^2 b + 3ab^2 + b^3$$

Exemple VII.

$$
\begin{array}{l}
5\,a^3 - 4\,a^2 b + 5\,a\,b^2 - 3\,b^3 \\
4\,a^2 - 5\,a\,b + 2\,b^2 \\
\hline
20\,a^5 - 16\,a^4 b + 20\,a^3 b^2 - 12\,a^2 b^3 \\
-25\,a^4 b + 20\,a^3 b^2 - 25\,a^2 b^3 + 15\,a b^4 \\
+10\,a^3 b^2 - 8\,a^2 b^3 + 10\,a\,b^4 - 6\,b^5 \\
\hline
20\,a^5 - 41\,a^4 b + 50\,a^3 b^2 - 45\,a^2 b^3 + 25\,a b^4 - 6\,b^5
\end{array}
$$

Exemple VIII.

$$
\begin{array}{l}
\tfrac{2}{3}\,a^3 - \tfrac{4}{5}\,a^2 b + \tfrac{1}{2}\,b^3 \\
\tfrac{3}{5}\,a\,b - 2\,b^2 \\
\hline
\tfrac{2}{5}\,a^4 b - \tfrac{12}{25}\,a^3 b^2 + \tfrac{3}{10}\,a b^4 \\
-\tfrac{4}{3}\,a^3 b^2 + \tfrac{8}{5}\,a^2 b^3 - b^5 \\
\hline
\tfrac{2}{5}\,a^4 b - \tfrac{136}{75}\,a^3 b^2 + \tfrac{8}{5}\,a^2 b^3 + \tfrac{3}{10}\,a b^4 - b^5
\end{array}
$$

32. Voici quelques remarques sur quelques-uns de ces exemples.

Dans le quatrième exemple, on a multiplié $a + b$, qui représente généralement la somme de deux quantités, par $a - b$, qui représente généralement leur différence, et l'on trouve pour produit $a^2 - b^2$, qui est la différence du carré de la première au carré de la seconde, ou la différence des carrés de ces deux quantités. On peut donc dire généralement, que *la somme de deux quantités, multipliée par leur différence, donne toujours, pour produit, la différence des carrés de ces mêmes quantités.* Que l'on prenne deux nombres quelconques, 5 et 3 par exemple ; leur somme est 8 et leur différence 2, lesquelles multipliées l'une par l'autre donnent 16, qui est en effet la différence du carré de 5 au carré de 3, c'est-à-dire de 25 à 9. Et réciproquement, *la différence des carrés de deux quantités peut toujours être considérée comme formée par la multiplication de la somme de ces deux quantités par leur différence.* Ainsi la quantité $b^2 - c^2$, qui est la différence du carré de b au carré de c, vient de la multiplication de $b + c$ par $b - c$. Ces deux propositions nous seront utiles par la suite[1].

1. On peut déjà remarquer en passant un des usages de l'algèbre pour découvrir des vérités générales.

Le cinquième exemple fait voir d'une manière générale et simple ce que nous avons dit en arithmétique sur la composition du carré, savoir, que *le carré de la somme* a $+$ b *de deux quantités est composé du carré* a^2 *de la première, du double* 2 a b *de la première multipliée par la seconde, et du carré* b^2 *de la seconde.*

Le sixième exemple confirme ce que nous avons dit aussi en arithmétique sur la formation du cube. On y voit $a^2 + 2ab + b^2$, carré de $a + b$, qui, après avoir été encore multiplié par $a + b$, donne $a^3 + 3a^2b + 3ab^2 + b^3$, dont le premier terme est le cube de a; le second, qui est le même que $3a^2 \times b$, est le triple du carré de a multiplié par b; on voit de même que $3ab^2$ est le triple de a multiplié par le carré de b; et enfin b^3 est le cube de b.

33. Pour indiquer la multiplication entre deux quantités polynômes, on est dans l'usage de renfermer chacune de ces deux quantités dans une parenthèse, et d'interposer entre elles l'un des signes de multiplication dont nous avons parlé plus haut (17); quelquefois même on n'interpose aucun signe; ainsi pour marquer que la totalité de la quantité $a^2 + 3ab + b^2$ doit être multipliée par la totalité de $2a + 3b$, on écrit $(a^2 + 3ab + b^2) \times (2a + 3b)$ ou $(a^2 + 3ab + b^2) . (2a + 3b)$ ou simplement $(a^2 + 3ab + b^2)(2a + 3b)$. Quelquefois, au lieu d'écrire chaque quantité dans une parenthèse, on couvre chacune d'une barre, de cette manière,

$$\overline{a^2 + 3ab + b^2} \times \overline{2a + 3b}.$$

34. Il y a beaucoup de cas où il est plus avantageux d'indiquer la multiplication que de l'exécuter. On ne peut donner de règles générales sur ce sujet, parce que cela dépend des circonstances qui donnent lieu à ces opérations : nous verrons par la suite plusieurs de ces cas. C'est principalement par l'usage qu'on apprend à les distinguer. On peut cependant dire assez généralement, qu'il convient de se contenter d'indiquer les mul-

tiplications, lorsque celles-ci doivent être suivies de la division, parce que cette dernière opération s'exécutant souvent, ainsi qu'on va le voir, par la seule suppression des facteurs communs au dividende et au diviseur, on distingue plus facilement ces facteurs communs, lorsqu'on n'a fait qu'indiquer la multiplication.

De la division.

35. La manière de faire cette opération en algèbre dépend beaucoup des signes que nous sommes convenus d'employer pour la multiplication. L'objet en est d'ailleurs le même qu'en arithmétique.

36. Lorsque la quantité qu'on proposera à diviser n'aura aucune lettre commune avec le diviseur, alors il n'est pas possible d'exécuter l'opération; on ne peut que l'indiquer et cela se fait en écrivant le diviseur au-dessous du dividende, en forme de fraction, et séparant l'un de l'autre par un trait.

Ainsi pour indiquer qu'on doit diviser a par b, on écrit $\frac{a}{b}$, et l'on prononce *a divisé par b;* pour indiquer qu'on doit diviser $aa + bb$ par $c + d$; on écrit $\frac{aa + bb}{c + d}$.

37. La division algébrique contient deux cas : la division des monômes et la division des polynômes.

38. *Division des monômes.* — Pour diviser un monôme par un autre monôme, il faut suivre : 1º la règle des lettres, 2º la règle des exposants, 3º la règle des coefficients, 4º la règle des signes.

39. *Règle des lettres.* — Lorsque le dividende et le diviseur sont monômes, si toutes les lettres qui se trouvent dans le diviseur se trouvent aussi dans le dividende, la division peut être faite exactement : et on l'exécutera en suivant cette règle :

Supprimez dans le dividende toutes les lettres qui lui sont communes avec le diviseur ; les lettres qui resteront composeront le quotient.

Ainsi, pour diviser $a\,b$ par a, je supprime a dans le dividende $a\,b$, et j'ai b pour quotient. Pour diviser $a\,b\,c$ par $a\,b$, je supprime $a\,b$ dans le dividende, et j'ai c pour quotient.

40. En effet, puisque (17) les lettres écrites sans aucun signe interposé sont les facteurs de la quantité dans laquelle elles entrent, les lettres du diviseur, qui sont communes au dividende, sont donc facteurs de ce dividende ; or nous avons vu en arithmétique que lorsqu'on divise un produit par un de ses facteurs, on doit trouver pour quotient l'autre facteur ; donc le quotient doit être composé des lettres du dividende qui ne sont point communes entre celui-ci et le diviseur.

41. *Règle des exposants.* — Il suit de là que lorsqu'il y aura des exposants, la règle qu'on doit suivre est de *retrancher l'exposant de chaque lettre du diviseur, de l'exposant de pareille lettre du dividende.*

Ainsi pour diviser a^3 par a^2, je retranche 2 de 3, il me reste 1, et par conséquent j'ai a^1 ou a pour quotient. De même, ayant à diviser $a^4\,b^3\,c^2$ par $a^2\,b\,c$, j'aurai $a^2\,b^2\,c$.

En effet $\dfrac{a^3}{a^2}$ signifie $\dfrac{aaa}{aa}$ qui, selon la règle donnée (39), se réduit à a, en ôtant les lettres communes au dividende et au diviseur.

42. Donc si une lettre a le même exposant dans le dividende et dans le diviseur, elle aura zéro pour exposant dans le quotient.

Ainsi a^3 divisé par a^3 donnera a^0 ; $a\,b^3\,c^2$ divisé par $a^2\,b\,c^2$ donne $a^1\,b^0\,c^0$ ou $a\,b^0\,c^0$.

Dans ce cas, on peut se dispenser d'écrire les lettres qui ont 0 pour exposant ; car chacune d'elles n'est autre chose que l'unité.

En effet, lorsqu'on divise a^3 par a^3, on cherche combien de fois a^3 contient a^3; or il le contient évidemment 1 fois; le quotient doit donc être 1 : d'un autre côté, a^3 divisé par a^3 donne pour quotient a^0; donc a^0 vaut 1.

En général, *toute quantité qui a zéro pour exposant vaut* 1.

43. Si quelques lettres du diviseur ne sont pas communes au dividende, ou si quelques-uns des exposants du diviseur sont plus grands que ceux de pareilles lettres du dividende, alors la division ne peut être faite exactement : on ne peut que l'indiquer comme il a été dit ci-dessus (36). Mais on peut simplifier le quotient ou la quantité fractionnaire qui le représente alors. La règle qu'il faut suivre pour cela est de supprimer dans le dividende, et dans le diviseur, les lettres qui leur sont communes; de sorte que s'il y a des exposants, on efface la lettre qui a le plus petit exposant, et l'on diminue de pareille quantité le plus grand exposant de la même lettre.

Par exemple, si l'on propose de diviser $a^5\, b\, c^3$ par $a^2\, b^3\, c^4$, on écrira $\dfrac{a^5\, b\, c^3}{a^2\, b^3\, c^4}$ que l'on réduira de cette manière : on effacera a^2 dans le diviseur, et l'on écrira seulement a^3 dans le dividende; on effacera b dans le dividende, et l'on écrira seulement b^2 dans le diviseur; enfin on effacera c^3 dans le dividende, et l'on écrira seulement c dans le diviseur; de sorte qu'on aura $\dfrac{a^3}{b^2\, c}$. On trouvera de même que $\dfrac{a^2\, b^5\, c^3}{a^3\, b\, c^2\, d}$ se réduit à $\dfrac{b^4\, c}{a\, d}$.

Si, par ces opérations, il ne restait plus aucune lettre dans le dividende, il faudrait écrire l'unité.

Ainsi $\dfrac{a^2}{a^3}$ se réduira à $\dfrac{1}{a}$.

44. La raison de ces règles est facile à saisir après tout ce qui a. été dit ci-dessus ; car, supprimer, ainsi qu'on le prescrit, le même nombre de lettres dans le dividende et dans le diviseur, c'est diviser, par une même quantité, chacun des deux termes de la fraction qui exprime le quotient ; or cette opération n'en change point la valeur et simplifie la fraction, ainsi qu'on l'a vu en arithmétique.

45. *Règle des coefficients.* — Jusqu'ici nous n'avons pas eu égard aux coefficients que peuvent avoir le dividende, ou le diviseur, ou tous les deux. La règle qu'on doit suivre à leur égard est de les diviser comme en arithmétique ; et si la division ne peut pas être faite exactement, on les laisse sous la forme de fraction, que l'on réduit à la plus simple expression, lorsque cela est possible.

Par exemple, ayant à diviser $8\,a^3\,b$ par $4\,a^2\,b$, je divise 8 par 4, et j'ai pour quotient 2 ; divisant ensuite $a^3\,b$ par $a^2\,b$, j'ai pour quotient a, et par conséquent $2\,a$ pour quotient total.

Ayant à diviser $8\ a^3\,b^2$ par $6\,a\,b$, j'écris $\dfrac{8\,a^3\,b^2}{6\,a\,b}$ que je réduis à $\dfrac{4\,a^2\,b}{3}$.

46. *Règle des signes.* — *Si le dividende et le diviseur ont le même signe, le quotient aura le signe* $+$;

Si, au contraire, ils ont différents signes, le quotient aura le signe $-$.

Cette règle est fondée sur ce que le quotient multiplié par le diviseur doit reproduire le dividende. Il faut donc que le quotient ait des signes tels qu'en le multipliant par le diviseur, on reproduise le dividende avec les mêmes signes ; or cette condition entraîne nécessairement la règle que nous venons de donner. Pour procéder avec ordre, on commencera par les signes, puis on divisera le coefficient, enfin les lettres..

47. Les règles que nous avons données sont géné-rales, soit que le dividende et le diviseur soient mo-nômes, soit qu'ils soient polynômes, pourvu que dans ce dernier cas les lettres communes au dividende et au diviseur soient en même temps communes à tous les termes séparés par les signes $+$ et $-$.

C'est ainsi qu'ayant $a^5 + 4\,a^4\,b - 5\,a^2\,b^3$ à diviser par $a^3 - 5\,a^2\,b$, on réduira le quotient $\dfrac{a^5 + 5\,a^4\,b - 5\,a^9\,b^3}{a^3 - 5\,a^2\,b}$, à la quantité $\dfrac{a^3 + 4\,a^2\,b - 5\,b^3}{a - 5\,b}$, en supprimant a^2 qui est facteur commun de tous les termes du dividende et du diviseur.

48. *Division des polynômes.* — Si le dividende et le diviseur sont polynômes, on ne peut donner de règles générales pour reconnaître, par l'inspection seule, si la division peut ou ne peut pas être faite exactement. Il faut, pour s'en assurer et trouver en même temps le quotient, faire l'opération que nous allons enseigner.

1º Disposer, sur une même ligne, le dividende et le diviseur et *ordonner* leurs termes par rapport à une même lettre commune à l'un et à l'autre, c'est-à-dire écrire, par ordre de grandeur, les termes où cette lettre a des exposants consécutivement plus petits.

2º Cette disposition faite, on sépare le dividende du diviseur, par un trait, et on procède à la division en prenant seulement le premier terme du dividende, que l'on divise suivant les règles données ci-dessus (38 et suiv.) par le premier terme du diviseur, et l'on écrit le quotient sous le diviseur.

3º On multiplie successivement tous les termes du di-viseur par le quotient qu'on vient de trouver, et on porte les produits sous le dividende, en ayant soin de changer leur signe.

4º On souligne le tout; et après avoir fait la réduction des termes qui sont semblables dans le dividende et dans le produit, on écrit le reste au-dessous pour commencer une seconde division de la même manière, en prenant pour premier terme celui des termes restants qui a le plus fort exposant.

Exemple I.

On propose de diviser $aa - bb$ par $b + a$.

J'ordonne le dividende et le diviseur par rapport à l'une ou à l'autre des deux lettres a et b, par rapport à a, par exemple, et je les écris comme on le voit ici :

$$\begin{array}{lll} \text{Dividende,} & aa - bb\ \big|\ a + b & \text{diviseur.} \\ & -aa - ab\ \big|\ \overline{a - b} & \text{quotient.} \\ \text{Reste} & -ab - bb & \\ & +ab + bb & \\ \text{Reste} & 0 & \end{array}$$

Le signe du premier terme aa du dividende étant le même que celui de a premier terme du diviseur, je dois mettre $+$ au quotient; mais comme c'est le premier terme, je puis omettre le signe $+$.

Je divise aa par a; j'ai pour quotient a que j'écris sous le diviseur.

Je multiplie successivement les deux termes a et b du diviseur par le premier terme a du quotient, et j'écris les produits aa et ab sous le dividende, avec le signe $-$, contraire à celui qu'a donné la multiplication, parce que ces produits doivent être retranchés du dividende.

Je fais la réduction en effaçant les deux termes aa et $-aa$ qui se détruisent; il me reste moins ab qui, avec la partie restante $-bb$ du dividende, compose ce qui me reste à diviser.

Je continue la division en prenant $-ab$ pour premier terme de mon nouveau dividende.

Divisant $-ab$ par a, j'écris $-$ au quotient, parce que les signes du dividende et du diviseur sont différents ; quant aux lettres, je trouve b pour quotient, et je l'écris à la suite du premier quotient.

Je multiplie les deux termes a et b du diviseur par le terme $-b$ du quotient ; les deux produits sont $-ab-bb$; je change leurs signes et j'écris $+ab$, $+bb$ sous les parties restantes du dividende. Je fais la réduction en effaçant les parties semblables et de signe contraire : comme il ne reste rien, j'en conclus que le quotient est $a-b$.

On aurait pu également ordonner le dividende et le diviseur par rapport à la lettre b, et alors on aurait eu $-bb+aa$ à diviser par $b+a$, ce qui, en opérant de la même manière, aurait donné $-b+a$ pour quotient, quantité qui est la même que $a-b$.

Exemple II.

$$
\begin{array}{rl|l}
a^3 & -\,b^4 & a-b \\
-\,a^3 & +\,a^2 b & a^2+ab+b^2 \\
\hline
& +\,a^2 b-b^3 \\
& -\,a^2 b+ab^2 \\
\cline{2-2}
& \quad +\,ab^2-b^3 \\
& \quad -\,ab^2+b^3 \\
\cline{2-2}
& \qquad 0
\end{array}
$$

Exemple III.

$$
\begin{array}{rl|l}
8\,a^4 & -\;2a^3 b-13\,a^2 b^2-3\,ab^3 & 4\,a^2+5\,ab+b^2 \\
-\,8\,a^4 & -\,10\,a^3 b-\;2\,a^2 b^2 & 2\,a^2-3\,ab \\
\hline
& -\,12\,a^3 b-15\,a^2 b^2-3\,ab^3 \\
& +\,12\,a^3 b+15\,a^2 b^2+3\,ab^3 \\
\hline
& \qquad 0
\end{array}
$$

Exemple IV.

$$
\begin{array}{l}
a^4 + 2\,aabb + b^4 - c^4 \;\big|\; aa + bb + cc \\
-a^4 - aabb + aacc \;\big|\; \overline{aa + bb - cc} \\
\hline
+ aabb - aacc + b^4 - c^4 \\
- aabb - b^4 - bbcc \\
\hline
 -aacc - bbcc - c^4 \\
 +aacc + bbcc + c^4 \\
\hline
 0
\end{array}
$$

Exemple V.

$$
\begin{array}{l}
\tfrac{2}{7}a^3 - \tfrac{9}{35}ab^2 + \tfrac{1}{6}a^2 b - \tfrac{3}{20}b^3 \;\big|\; \tfrac{2}{3}a^2 - \tfrac{3}{5}b^2 \\
-\tfrac{2}{7}a^3 + \tfrac{9}{35}ab^2 \phantom{+ \tfrac{1}{6}a^2 b - \tfrac{3}{20}b^3} \;\big|\; \overline{\tfrac{3}{7}a + \tfrac{1}{4}b} \\
\hline
\phantom{-\tfrac{2}{7}a^3 + \tfrac{9}{35}ab^2} \tfrac{1}{6}a^2 b - \tfrac{3}{20}b^3 \\
\phantom{-\tfrac{2}{7}a^3 + \tfrac{9}{35}ab^2} -\tfrac{1}{6}a^2 b + \tfrac{3}{20}b^3 \\
\hline
\phantom{-\tfrac{2}{7}a^3 + \tfrac{9}{35}ab^2 + \tfrac{1}{6}} 0
\end{array}
$$

Exemple VI.

$$
\begin{array}{l}
20a^5 - 41a^4 b + 50a^3 b^2 - 45a^2 b^3 + 25ab^4 - 6b^5 \;\big|\; 5a^3 - 4a^2 b + 5ab^2 - 3b^3 \\
-20a^5 + 16a^4 b - 20a^3 b^2 + 12a^2 b^3 \;\big|\; \overline{4a^2 - 5a\,b + 2b^2} \\
\hline
 -25a^4 b + 30a^3 b^2 - 33a^2 b^3 + 25ab^4 - 6b^5 \\
 +25a^4 b - 20a^3 b^2 + 25a^2 b^3 - 15ab^4 \\
\hline
 +10a^3 b^2 - 8a^2 b^3 + 10ab^4 - 6b^5 \\
 -10a^3 b^2 + 8a^2 b^3 - 10ab^4 + 6b^5 \\
\hline
 0
\end{array}
$$

49. Il arrive souvent qu'une quantité qui résulte de plusieurs opérations différentes, peut être mise sous la forme d'un produit ou résultat de multiplication : lorsque cela arrive, il est très-souvent utile de lui donner cette forme, en indiquant la multiplication entre ses facteurs. Quoique la méthode générale pour découvrir ces facteurs dépende de connaissances que nous ne donnerons que par la suite, cependant nous remarquerons que lorsqu'on s'est un peu familiarisé avec la multiplication et la division, on les aperçoit dans beaucoup de cas avec facilité.

Par exemple, si on avait à ajouter $5\,ab - 3\,bc + a^2$ avec $3\,ab + 3\,bc - 2\,a^2$, on aurait $8\,ab - a^2$, qui, à cause de la lettre a qui est facteur commun des deux termes $8\,ab$ et a^2, peut être considéré comme étant venu de la multiplication de $8\,b - a$ par a, et peut être représenté par $(8\,b - a) \times a$. Il est utile de s'exercer à ces sortes de décompositions.

Manière de trouver le plus grand commun diviseur de deux quantités littérales.

50. La méthode pour trouver le plus grand commun diviseur de deux quantités littérales, est analogue à celle que l'on suit dans l'arithmétique pour les nombres. Il faut, après avoir ordonné les deux quantités par rapport à une même lettre, diviser celle où cette lettre a le plus grand exposant, par la seconde, et continuer la division jusqu'à ce que cet exposant y soit devenu moindre que dans la seconde, ou tout au plus égal. On divise ensuite la seconde par le reste de cette division, et avec les mêmes conditions. On divise après cela le second reste par le premier, et l'on continue de diviser le nouveau reste par le précédent, jusqu'à ce qu'on soit arrivé à une division exacte : alors le dernier diviseur qu'on aura employé est le plus grand commun diviseur cherché.

Avant de mettre cette règle en pratique, il est utile de remarquer qu'on ne change rien au plus grand commun diviseur de deux quantités, lorsqu'on multiplie ou lorsqu'on divise l'une des deux par une quantité qui n'est point diviseur de l'autre, et qui n'a aucun commun diviseur avec cette autre. Par exemple, ab et ac ont pour commun diviseur a; si je multiplie ab par d, j'aurai abd, qui n'a avec ac d'autre commun diviseur que a, c'est-à-dire, celui qui était entre ab et ac.

Il n'en serait pas de même si je multipliais ab par un nombre qui fût diviseur de ac, ou qui eût un facteur commun avec ac. Par exemple si je multipliais ab par c, il deviendrait abc, dont le diviseur commun avec ac est ac lui-même. De même, si je multipliais ab par cd, qui est un facteur commun avec ac, j'aurais $abcd$, dont le diviseur commun avec ac est ac.

51. Concluons de là

1° Que si en cherchant le plus grand commun diviseur de deux quantités, on s'aperçoit dans le cours des divisions que l'on fera successivement, que le dividende ou le diviseur ait un facteur, ou un diviseur qui ne soit point facteur de l'autre, on pourra supprimer ce facteur;

2° Qu'on pourra multiplier l'une des deux quantités par tel nombre qu'on voudra, pourvu que ce nombre ne soit point diviseur de l'autre quantité, et n'ait aucun facteur commun avec elle.

Appliquons maintenant la règle et les remarques que nous venons de faire.

1er *Exemple :* On demande le plus grand commun diviseur de $aa - 3ab + 2bb$ et $aa - ab - 2bb$.

$$
\begin{array}{ll}
\text{1}^{\text{er}}\text{ divid.} & \text{1}^{\text{er}}\text{ divis.} \\
aa - 3ab + 2bb\,\big|\,aa - ab - 2bb \\
\underline{-aa + ab + 2bb}\,\big|\;\;\overline{1 \qquad \text{1}^{\text{er}}\text{ quot.}} \\
\text{1}^{\text{er}}\text{ reste}\quad -2ab + 4bb
\end{array}
$$

Il faut donc diviser $aa - ab - 2bb$ par $-2ab + 4bb$: mais comme ce dernier a pour facteur $2b$, qui n'est point facteur commun de tous les termes du premier, il suffit de diviser $aa - ab - 2bb$ par $-a + 2b$, que l'on a en supprimant le facteur $2b$. Donc

$$
\begin{array}{ll}
\text{2}^\text{e}\text{ divid.} & \text{2}^\text{e}\text{ divis.} \\
aa - ab - 2bb & \;|\;-a + 2b \\
-aa + 2ab & \;|\;\overline{-a - b} \quad \text{2}^\text{e}\text{ quot.} \\
\hline
\quad + ab - 2bb & \\
\quad - ab + 2bb & \\
\hline
\text{Reste} \qquad\qquad 0 &
\end{array}
$$

Le plus grand commun diviseur est donc $-a + 2b$.

2e *Exemple* : Trouver le plus grand commun diviseur entre les deux expressions

$$5a^3 - 18a^2b + 11ab^2 - 6b^3 \;|\; 7a^2 - 23ab + 6b^2.$$

Comme on ne peut diviser 5 par 7, et que d'ailleurs celui-ci n'est pas facteur commun de tous les termes de la seconde quantité, je multiplie la première par 7, et alors j'ai

$$
\begin{array}{ll}
\text{1}^\text{er}\text{ divid.} & \text{1}^\text{er}\text{ divis.} \\
35a^3 - 126a^2b + 77ab^2 - 42b^3 & \;|\;7a^2 - 23ab + 6b^2 \\
-35a^3 + 115a^2b - 30ab^2 & \;|\;\overline{5a \qquad\qquad \text{1}^\text{er}\text{ quot.}} \\
\hline
\text{1}^\text{er}\text{ reste} \;-\; 11a^2b + 47ab^2 - 42b^3 &
\end{array}
$$

Je puis encore diviser par le même diviseur, en multipliant par 7, et supprimer le facteur b, alors.

$$
\begin{array}{ll}
\text{2}^\text{e}\text{ divid.} & \text{2}^\text{e}\text{ divis.} \\
-77a^2 + 329ab - 294b^2 & \;|\;7a^2 - 23ab + 6b^2 \\
+77a^2 - 253ab + 66b^2 & \;|\;\overline{-11 \qquad\qquad \text{2}^\text{e}\text{ quot.}} \\
\hline
\text{2}^\text{e}\text{ reste} \qquad + 76ab - 228b^2 &
\end{array}
$$

Il faut donc diviser $7a^2 - 23ab + 6b^2$ par $76ab - 228b^2$, ou plutôt par $a - 3b$, en supprimant le facteur $76b$. Donc

2.

$$3^e \text{ divid.} \qquad\qquad 3^e \text{ divis.}$$

$$
\begin{array}{l|l}
7\,a^2 - 23\,ab + 6\,b^2 & \;a - 3\,b \\
-7\,a^2 + 21\,ab & \overline{\;7\,a - 2\,b} \qquad 3^e \text{ quot.} \\
\hline
-\ 2\,ab + 6\,b^2 & \\
+\ 2\,ab - 6\,b^2 & \\
\hline
\end{array}
$$

Reste $\qquad\qquad\qquad 0$

Donc le plus grand commun diviseur des deux quantités proposées est $a - 3\,b$.

Des fractions.

52. Les fractions algébriques ou littérales[1] se calculent suivant les mêmes règles que les fractions numériques, mais en appliquant en même temps les règles que nous avons données ci-dessus, concernant l'addition, la soustraction, la multiplication et la division.

53. On ne change pas la valeur d'une fraction quand on multiplie ses deux termes par une même quantité.

La fraction $\dfrac{a}{b}$ peut être transformée, sans changer de valeur, en $\dfrac{ac}{bc}$, ou $\dfrac{aa}{ab}$, ou $\dfrac{aa + ab}{ab + bb}$, et ainsi de suite. En effet, ces dernières ne sont que la première dont on a multiplié les deux termes, par c dans le premier cas, par a dans le second, et par $a + b$ dans le troisième, ce qui n'en change pas la valeur.

54. On ne change pas la valeur d'une fraction quand on divise ses deux termes par une même quantité.

La fraction $\dfrac{aac}{abc}$ est la même que $\dfrac{a}{b}$; la fraction

---

1. On appelle ces fractions *littérales*, parce qu'elles sont exprimées en lettres, par opposition aux fractions numériques, exprimées en chiffres.

$$\frac{6\,a^3 + 3\,a^2 b}{12\,a^3 + 9\,a^2 c}$$ est la même que $$\frac{2\,a + b}{4\,a + 3\,c}.$$ Cela est évident, en divisant les deux termes de la première par ac, et les deux termes de la troisième par $3\,a^2$.

55. On réduit une fraction à sa plus simple expression en divisant les deux termes par un même nombre.

Soit à réduire à sa plus simple expression

$$\frac{a^2 - ab - 2\,b^2}{a^2 - 3\,ab + 2\,b^2}.$$

On cherche d'abord le plus grand commun diviseur entre les deux termes de la fraction, et l'on trouve $2\,b - a$ (51). Divisant ensuite numérateur et dénominateur par $2\,b - a$, on obtient

$$\frac{-a - b}{-a + b},$$

ou, en changeant les signes,

$$\frac{a + b}{a - b}.$$

56. Pour réduire à une expression fractionnaire une quantité composée d'un entier et d'une fraction, il faut, comme en arithmétique, multiplier l'entier par le dénominateur de la fraction qui l'accompagne.

Par exemple, $a + \dfrac{bd}{c}$ peut être changé en $\dfrac{ac + bd}{c}.$

De même, $a + \dfrac{cd - ab}{b - d}$ se réduit à $\dfrac{ab - ad + cd - ab}{b - d},$ en multipliant l'entier a par le dénominateur $b - d$; et en réduisant, on a $\dfrac{-ad + cd}{b - d}$ ou $\dfrac{cd - ad}{b - d}.$

57. Pour extraire les entiers qu'une expression fractionnaire peut renfermer, il faut, comme en arithmétique, diviser le numérateur par le dénominateur, autant qu'il est possible, et en suivant les règles données précédemment pour la division (48).

Ainsi, la quantité $\dfrac{3\,ab + ac + cd}{a}$ peut être réduite à

$3b + c + \dfrac{cd}{a}$; de même, la quantité $\dfrac{a^2 + 4\,ab + 4\,bb + cc}{a + 2b}$

se réduit à $a + 2b + \dfrac{cc}{a + 2b}$, en la divisant par $a + 2b$.

58. Pour réduire plusieurs fractions au même dénominateur, la règle est la même qu'en arithmétique.

Ainsi, pour réduire à un même dénominateur les trois fractions $\dfrac{a}{b}$, $\dfrac{c}{d}$, $\dfrac{e}{f}$, je multiplie les deux termes de la première par df, les deux termes de la seconde par bf, et les deux termes de la dernière par bd ; et les trois fractions, réduites au même dénominateur, deviennent $\dfrac{adf}{bdf}$, $\dfrac{bcf}{bdf}$, $\dfrac{bde}{bdf}$.

59. On agit de même si les numérateurs ou les dénominateurs, ou tous les deux, sont polynômes, en suivant alors les règles de la multiplication des polynômes (27).

C'est ainsi qu'on trouvera que les deux fractions $\dfrac{b + c}{a + b}$

et $\dfrac{a - 2c}{a - b}$, réduites au même dénominateur, deviennent $\dfrac{ab + ac - bb - bc}{aa - bb}$, et $\dfrac{aa - 2\,ac + ab - 2bc}{aa - bb}$, en multipliant les deux termes de la première par $a - b$, et les deux termes de la seconde par $a + b$.

60. Quand les dénominateurs ont des facteurs communs, on emploie, comme en arithmétique, la méthode du plus petit commun multiple. On cherche le plus petit commun multiple entre les dénominateurs, puis on divise ce plus petit commun multiple par chacun des dénominateurs particuliers, et on multiplie les deux termes de la fraction par le quotient ainsi obtenu.

Soit à réduire au même dénominateur

$$\frac{cm}{3a^2b}, \quad \frac{dh}{ab^3}, \quad \frac{e}{a^2b^2}.$$

Le plus petit commun multiple des trois dénominateurs est $3\,a^2b^3$; divisant cette quantité successivement par chacun des trois dénominateurs, j'obtiens les trois quotients b^2, $3a$, $3b$; multipliant ensuite les deux termes de la première fraction par le premier quotient, les deux termes de la seconde fraction par le second quotient, et les deux termes de la troisième par le troisième quotient, les trois fractions deviennent

$$\frac{b^2cm}{3\,a^2b^3}, \quad \frac{3\,adh}{3\,a^2b^3}, \quad \frac{3\,be}{3\,a^2b^3}.$$

61. *Addition et soustraction des fractions.* — Pour additionner ou pour soustraire les fractions algébriques après qu'elles sont réduites au même dénominateur, il suffit de faire l'addition ou la soustraction des numérateurs, en conservant le dénominateur commun.

Ainsi, les deux fractions $\dfrac{b+c}{a+b}$ et $\dfrac{a-2c}{a-b}$, réduites précédemment au même dénominateur, ont donné $\dfrac{ab+ac-bb-bc}{aa-bb}$

et $\dfrac{aa-2ac+ab-2bc}{aa-bb}$; en les additionnant, on aura $\dfrac{ab+ac-bb-bc+aa-2ac+ab-2bc}{aa-bb}$, qui se réduit à $\dfrac{2ab-ac-bb-3bc+aa}{aa-bb}.$

Si l'on veut retrancher la seconde fraction de la première, on aura $\dfrac{ab+ac-bb-bc-aa+2ac-ab+2bc}{aa-bb}$

qui se réduit à $\dfrac{3ac-bb+bc-aa}{aa-bb}.$

Dans la soustraction des deux dernières fractions, on a changé les signes du numérateur seulement : si l'on changeait les signes du numérateur et du dénominateur en même temps, on ne changerait point la deuxième fraction, et par conséquent, au lieu de la retrancher, on l'ajouterait; en effet, $\dfrac{a}{b}$ a la même valeur que $\dfrac{-a}{-b}$, selon la règle qui a déjà été donnée (46).

62. *Multiplication des fractions.* — Pour multiplier $\dfrac{a}{b}$ par $\dfrac{c}{d}$, on écrira $\dfrac{ac}{bd}$, en multipliant numérateur par numérateur, et dénominateur par dénominateur, conformément aux règles de l'arithmétique. De même, $\frac{1}{2} a \times \frac{1}{2} b$ donnera $\frac{1}{4} a b$.

63. *Division des fractions.* — Pour diviser $\dfrac{a}{b}$ par $\dfrac{c}{d}$, l'opération se réduit à multiplier $\dfrac{a}{b}$ par $\dfrac{d}{c}$; ce qui, par la règle précédente, donne $\dfrac{ad}{bc}$; et pour diviser $\dfrac{a+b}{c+d}$ par $\dfrac{c+d}{a-b}$, on multiplie $\dfrac{a+b}{c+d}$ par $\dfrac{a-b}{c+d}$, ce qui donne $\dfrac{(a+b)(a-b)}{(c+d)(c+d)}$ ou $\dfrac{(a+b)(a-b)}{(c+d)^2}$, ou, en opérant la multiplication indiquée dans le numérateur, $\dfrac{a^2-b^2}{(c+d)^2}.$

Des équations.

64. On appelle *équation* l'expression de l'égalité de deux quantités algébriques renfermant une ou plusieurs inconnues. Lorsque l'équation ne contient qu'une inconnue, celle-ci est représentée par x; deux inconnues sont représentées par x et par y; trois inconnues, par x, y, z.

Pour indiquer que deux quantités sont égales on les sépare l'une de l'autre par ce signe $=$, qui se prononce par le mot *égale*, ou par les mots, *est égal à*. Ainsi l'expression $a = b$, signifie a égale b, ou a est égal à b.

La totalité des quantités qui sont à la gauche du signe $=$, forme ce qu'on appelle le *premier membre* de l'équation, et la totalité de celles qui sont à la droite de ce même signe, forme le *second membre*. Dans l'équation $4\,x - 3 = 2\,x + 7$, $4\,x - 3$ forme le premier membre, et $2\,x + 7$ forme le second.

Les équations sont d'un très-grand usage pour la résolution des questions qu'on peut proposer sur les quantités.

65. Toute question qui peut être résolue par l'algèbre, renferme toujours dans son énoncé, soit explicitement, soit implicitement, un certain nombre de conditions qui sont autant de moyens de saisir les rapports des quantités inconnues aux quantités connues dont celles-là dépendent. Ces rapports peuvent toujours, ainsi qu'on le verra par la suite, être exprimés par des équations dans lesquelles les quantités inconnues et les quantités connues se trouvent combinées les unes avec les autres, et cela d'une manière plus ou moins composée, selon que la question est plus ou moins difficile.

Ainsi, pour résoudre, par algèbre, les questions qu'on peut proposer sur les quantités, il faut trois choses :

1° Saisir dans l'énoncé ou dans la nature de la question, les rapports qu'il y a entre les quantités connues et les quantités inconnues. C'est une faculté que l'esprit acquiert par l'usage, mais sur laquelle il n'y a point de règles générales à donner.

2° Exprimer chacun de ces rapports par une équation. Cette condition peut être réduite à une seule règle, que nous exposerons par la suite, mais dont l'application est plus ou moins facile selon la nature des questions.

3° Résoudre cette équation, ou ces équations, c'est-à-dire, en déduire la valeur des quantités inconnues. Ce dernier point, par lequel nous commencerons, est susceptible d'un nombre déterminé de règles.

66. Comme les questions qu'on peut avoir à résoudre peuvent conduire à des équations plus ou moins composées, on a partagé celles-ci en plusieurs classes ou degrés que l'on distingue par l'exposant de la quantité ou des quantités inconnues qui s'y trouvent. Nous ferons successivement connaître ces équations : celles dont nous allons nous occuper d'abord sont les équations du premier degré.

Équations du premier degré à une seule inconnue.

67. On nomme *équations du premier degré* celles dans lesquelles les inconnues ne sont multipliées ni par elles-mêmes, ni entre elles.

68. Résoudre une équation, c'est la réduire à une autre, dans laquelle l'inconnue, ou la lettre qui la représente, se trouve seule dans un membre, et où il n'y ait plus que des quantités connues dans l'autre membre.

69. Les règles pour résoudre les équations du premier degré et à une seule inconnue se réduisent à trois, qui sont relatives aux trois différentes manières dont l'inconnue peut se trouver mêlée ou engagée avec des quantités connues.

Nous représenterons les quantités inconnues par quelques-unes des dernières lettres x, y, z de l'alphabet, pour les distinguer des quantités connues que nous représenterons, ou par des nombres, ou par les premières lettres de l'alphabet.

70. L'inconnue peut se trouver mêlée avec des quantités connues, de trois manières :

1° Par addition ou soustraction, comme dans l'équation

$$x + 3 = 5 - x.$$

2° Par addition, soustraction et multiplication, comme dans l'équation

$$4x - 6 = 2x + 16.$$

3° Enfin par addition, soustraction, multiplication et division, comme dans l'équation

$$\tfrac{9}{5}x - 4 = \tfrac{2}{3}x + 17,$$

ou par ces deux dernières opérations, ou par la dernière seulement.

71. Pour résoudre les équations du premier degré à une seule inconnue, il suffit de connaître les trois règles suivantes :

1° Lorsqu'un terme passe d'un membre d'une équation dans l'autre membre, il prend le signe contraire ;

2° Lorsque l'un des membres se compose de l'inconnue facteur d'une quantité connue, et que le second membre ne renferme que des quantités connues, on a la valeur de l'inconnue en divisant le second membre par le facteur de l'inconnue dans le premier ;

3° Lorsqu'une équation renferme des fractions, il faut, avant d'appliquer les règles précédentes, réduire les deux membres au même dénominateur et supprimer le dénominateur commun.

72. Première règle. *Pour faire passer un terme quelconque d'une équation d'un membre dans l'autre, il faut effacer ce terme et l'écrire dans l'autre membre avec un signe contraire à celui qu'il a dans le membre où il est.*

Il faut se rappeler qu'un terme qui n'a pas de signe est censé avoir le signe $+$ (9).

Par exemple, dans l'équation

$$4x + 3 = 3x + 12 \, ;$$

si je veux faire passer le terme $+ 3$ dans le second membre, j'écris

$$4x = 3x + 12 - 3,$$

où l'on voit que le terme 3, qui n'est plus dans le premier membre, se trouve dans le second avec le signe $-$, contraire au signe $+$ qu'il avait dans le premier.

Cette équation réduite revient à

$$4x = 3x + 9 \, ;$$

si l'on veut maintenant faire passer le terme $3x$ dans le premier membre, on écrira

$$4x - 3x = 9,$$

qui, en réduisant, devient

$$x = 9.$$

Si dans l'équation

$$5x - 7 = 21 - 4x,$$

je veux faire passer le terme $- 7$ dans le second membre, j'écris

$$5x = 21 - 4x + 7,$$

qui se réduit à

$$5x = 28 - 4x \, ;$$

si je veux ensuite faire passer $- 4x$, j'écrirai

$$5x + 4x = 28,$$

ou, en réduisant,

$$9x = 28.$$

73. L'explication de cette règle est facile à saisir. Puisque les quantités qui composent le premier membre sont, ensemble, égales à la totalité de celles qui composent le second, il est évident qu'on ne trouble point cette égalité si, ayant ajouté ou ôté à l'un des membres un terme quelconque, on ajoute ou l'on ôte à l'autre ce

même terme : or, lorsqu'on efface un terme qui a le signe $+$, on diminue le membre où il se trouve ; il faut donc diminuer l'autre de la même quantité, c'est-à-dire y écrire ce terme avec le signe $-$. Au contraire, lorsqu'on efface un terme qui a le signe $-$, il est évident qu'on augmente le membre où il se trouve ; il faut donc augmenter l'autre de la même quantité, c'est-à-dire, y écrire ce terme avec le signe $+$.

74. On voit donc que par cette règle on peut faire passer à la fois, dans un même membre, tous les termes affectés de l'inconnue, et toutes les quantités connues dans l'autre.

C'est ainsi que de l'équation

$$7x - 8 = 14 - 4x,$$

on conclut

$$7x + 4x = 14 + 8,$$

ou

$$11x = 22.$$

De même, l'équation

$$ax + bc - cx = ac - bx$$

devient

$$ax - cx + bx = ac - bc.$$

75. Il peut arriver par cette transposition, que ce qui reste des x, après la réduction, se trouve avoir le signe $-$.

Par exemple, si l'on avait

$$3x - 8 = 4x - 12 ;$$

en passant tous les x dans le premier membre, on aurait

$$3x - 4x = -12 + 8,$$

qui se réduit à

$$-x = -4 ;$$

alors, il n'y a qu'à changer les signes de l'un et de l'autre membre, ce qui, dans le cas présent, donne

$$+x = +4 \quad \text{ou} \quad x = 4.$$

En effet, on était également maître de transporter les x dans le second membre, ce qui aurait donné

$$-8 + 12 = 4x - 3x,$$

qui se réduit à

$$4 = x \quad \text{ou} \quad x = 4.$$

76. *Deuxième règle. Après avoir passé dans un membre tous les termes affectés de l'inconnue, et dans l'autre toutes les quantités connues, on écrit l'inconnue seule dans un membre, puis on donne pour diviseur au second membre la quantité qui multipliait l'inconnue dans le premier.*

Par exemple, dans l'équation

$$7x - 8 = 14 - 4x$$

que nous avons traitée ci-dessus, nous avons eu par la transposition et la réduction $11x = 22$.

Pour avoir x, on n'a qu'à écrire $x = \frac{22}{11}$, qui se réduit à $x = 2$, c'est-à-dire écrire x seul dans le premier membre, et faire servir son multiplicateur 11 de diviseur au second membre 22. En effet, lorsqu'au lieu de $11x$ on écrit seulement x, on n'écrit que la onzième partie du premier membre; il faut donc, pour conserver l'égalité, n'écrire que la onzième partie du second membre, c'est-à-dire diviser le second membre par 11.

De même dans l'équation

$$12x - 15 = 4x + 25;$$

après avoir passé (72) tous les x d'un côté et les quantités connues de l'autre, on aura

$$12x - 4x = 25 + 15,$$

ou, en réduisant,

$$8x = 40;$$

maintenant, pour avoir x, on écrit $x = \frac{40}{8}$, qui se réduit à $x = 5$. Car lorsqu'au lieu de $8x$ on écrit x seulement, on n'écrit que la huitième partie du premier membre; on doit donc, pour maintenir l'égalité, n'écrire que la huitième partie du second membre, c'est-à-dire n'écrire que $\frac{40}{8}$.

77. Si les quantités connues qui multiplient x, au lieu d'être des nombres, étaient représentées par des lettres, la règle serait encore la même.

Ainsi, dans l'équation

$$ax = bc,$$
$$x = \frac{bc}{a}.$$

78. La règle ne change pas lorsqu'après la transposition faite il y a plusieurs termes affectés de l'inconnue.

Ainsi, dans l'équation

$$ax + bc - cx = ac - bx,$$

que nous avons eue ci-dessus, on a, après la transposition,

$$ax - cx + bx = ac - bc;$$

mettant x en facteur, on a

$$(a - c + b)x = ac - bc;$$

pour avoir x, il ne s'agit plus que d'écrire

$$x = \frac{ac - bc}{a - c + b},$$

c'est-à-dire écrire x seul dans un membre, et donner pour diviseur au second la quantité qui multipliait x dans le premier, laquelle est ici $a - c + b$, puisque la quantité $ax - cx + bx$ est x multiplié par la totalité de trois quantités $a - c + b$.

Soit l'équation

$$ax = bc - 2x,$$

on a par transposition,

$$ax + 2x = bc;$$

mettant x en facteur, on a

$$(a+2)x = bc;$$

et en appliquant la règle actuelle,

$$x = \frac{bc}{a+2}.$$

De même l'équation

$$x - ab = bc - ax$$

donne, par transposition,

$$x + ax = bc + ab;$$

mettant x en facteur,

$$(1+a)x = bc + ab,$$

et par conséquent,

$$x = \frac{bc + ab}{1+a}.$$

79. **Troisième règle.** *Pour changer une équation qui contient des dénominateurs en une autre qui n'en a pas, il faut multiplier chaque terme qui n'a pas de dénomi-nateur par le produit de tous les dénominateurs, et multiplier le numérateur de chaque fraction par le produit des dénominateurs des autres fractions seu-lement.*

Soit l'équation

$$\frac{2x}{3} + 4 = \frac{4x}{5} + 12 - \frac{5x}{7};$$

multipliant le numérateur $2x$ de la fraction $\dfrac{2x}{3}$ par 35,

produit des deux dénominateurs 5 et 7, on a $70\,x$. Multi-pliant le terme 4, qui n'a point de dénominateur, par 105, produit des trois dénominateurs 3, 5, 7, on a 420. Multi-pliant le numérateur $4x$ de la fraction $\dfrac{4x}{5}$, par 21, produit des deux dénominateurs 3 et 7, on a $84\,x$. Multipliant 12, qui n'a pas de dénominateur, par le produit 105 des trois dénominateurs, on a 1260. Enfin multipliant le numérateur $5x$ de la fraction $\dfrac{5x}{7}$, par 15, produit des deux autres dénominateurs, on a $75x$; de sorte que l'équation proposée est changée en celle-ci :

$$70x + 420 = 84x + 1260 - 75x,$$

dans laquelle, pour avoir x, il ne s'agit plus que d'appliquer les deux règles précédentes. Par la première (72), on changera cette équation en

$$70x - 84x + 75x = 1260 - 420 ;$$

ou, en réduisant,

$$61x = 840 ;$$

et, par la seconde (76),

$$x = \frac{840}{61},$$

qui se réduit à

$$x = 13\,\frac{47}{61}.$$

80. La raison de cette règle sera comprise facilement; il suffira de se rappeler ce qui a été dit en arithmétique pour réduire plusieurs fractions au même dénominateur.

En effet, si dans l'équation proposée

$$\frac{2x}{3} + 4 = \frac{4x}{5} + 12 - \frac{5x}{7},$$

on voulait réduire au même dénominateur les trois fractions $\dfrac{2x}{3}$, $\dfrac{4x}{5}$, $\dfrac{5x}{7}$, il faudrait multiplier leurs numérateurs par les mêmes nombres par lesquels notre règle actuelle prescrit de les multiplier, et donner à ces nouveaux numérateurs, pour dénominateur commun, le produit de tous les dénominateurs ; de sorte que l'équation proposée serait changée en cette autre

$$\frac{70x}{105} + 4 = \frac{84x}{105} + 12 - \frac{75x}{105}.$$

Or, si nous voulons aussi réduire les entiers en fraction, il faut multiplier ces entiers par le dénominateur de la fraction qui les accompagne, c'est-à-dire par 105, qui a été formé du produit de tous les dénominateurs qui se trouvent dans l'équation; alors on a

$$\frac{70\,x + 420}{105} = \frac{84\,x + 1260 - 75\,x}{105};$$

mais il est évident qu'on peut, sans troubler l'égalité, supprimer de part et d'autre le dénominateur commun, puisque si ces deux quantités sont égales étant divisées par un même nombre, elles doivent l'être aussi sans cette division. On a donc alors

$$70\,x + 420 = 84\,x + 1260 - 75\,x,$$

comme ci-dessus.

81. Lorsque les différents termes qui composent l'équation sont tous des quantités littérales, la règle est la même. Il faut seulement suivre les règles de la multiplication des quantités littérales.

Ainsi, dans l'équation

$$\frac{a\,x}{b} + b = \frac{c\,x}{d} + \frac{a\,b}{c},$$

on multiplie le numérateur $a\,x$ par le produit $c\,d$ des deux autres dénominateurs, ce qui donne $a\,c\,d\,x$. On multiplie le terme $+\,b$ par le produit $b\,c\,d$ de tous les dénominateurs, et on a $+\,b^2\,c\,d$. On multiplie $c\,x$ par $b\,c$, et on a $b\,c^2\,x$; enfin on multiplie $a\,b$ par $b\,d$, ce qui donne $a\,b^2\,d$; de sorte que l'équation devient

$$a\,c\,d\,x + b^2\,c\,d = b\,c^2\,x + a\,b^2\,d,$$

laquelle, par transposition, donne

$$a\,c\,d\,x - b\,c^2\,x = a\,b^2\,d - b^2\,c\,d\,;$$

mettant x en facteur,

$$(a\,c\,d - b\,c^2)x = a\,b^2\,d - b^2\,c\,d\,,$$

d'où

$$x = \frac{a\,b^2\,d - b^2\,c\,d}{a\,c\,d - b\,c^2},$$

ou, simplifiant,

$$x = \frac{b^2 d (a - c)}{c (a d - b c)}.$$

82. Lorsque les dénominateurs sont complexes, on peut commencer par indiquer seulement les opérations, pour les exécuter ensuite ; ce qui est plus facile en les voyant ainsi indiquées.

Soit l'équation

$$\frac{a x}{a - b} + 4 b = \frac{c x}{3 a + b} ;$$

on écrit

$$a x (3 a + b) + 4 b (a - b) (3 a + b) = c x (a - b).$$

Alors, faisant les opérations indiquées, on a

$$3 a^2 x + a b x + 12 a^2 b - 8 a b^2 - 4 b^3 = a c x - b c x ;$$

transposant,

$$3 a^2 x + a b x - a c x + b c x = 4 b^3 + 8 a b^2 - 12 a^2 b ;$$

et enfin

$$x = \frac{4 b^3 + 8 a b^2 - 12 a^2 b}{3 a^2 + a b - a c + b c}.$$

83. Les règles que nous venons de donner sont suffisantes pour résoudre toute question du premier degré, lorsqu'elle est exprimée une fois par une équation.

84. Pour mettre une question en équation, c'est-à-dire pour la traduire en langage algébrique, on peut faire usage de la règle suivante.

85. *Représentez la quantité ou les quantités cherchées chacune par une lettre ; et ayant examiné avec attention l'état de la question, faites, à l'aide des signes algébriques, sur ces quantités et sur les quantités connues, les mêmes opérations et les mêmes raisonnements que vous feriez si, connaissant les valeurs des inconnues, vous vouliez les vérifier.*

Cette règle est générale, et conduira toujours à trouver les équations que la question peut fournir. Pour en faciliter l'application, nous donnerons ici quelques exemples.

Problème 1. *Deux mortiers ont tiré* 100 *bombes ; le premier en a tiré* 40 *plus que l'autre : combien chacun en a-t-il tiré ?*

Cette question revient à celle-ci : *Trouver deux quantités qui, réunies, fassent* 100, *et dont l'une surpasse l'autre de* 40.

Dès que l'une de ces quantités sera connue, la seconde le sera aussi, puisque si la plus grande, par exemple, était connue, il ne s'agirait que d'en ôter 40 pour avoir la plus petite.

Je représente donc la plus grande par x.

Maintenant, si, connaissant la valeur de x, je voulais la vérifier, j'en retrancherais 40 pour avoir le plus petit nombre ; je réunirais ensuite le plus grand et le plus petit, et leur somme devrait égaler 100.

Le plus grand nombre étant x

le plus petit sera donc $x - 40.$

Ces deux nombres réunis font $2x - 40.$

Or, par les conditions de la question, ils doivent faire 100.

Donc $2x - 40 = 100.$

Il ne s'agit plus, pour avoir x, que d'appliquer les règles données précédemment, et l'on obtient

$$2x = 100 + 40.$$
$$2x = 140,$$
$$x = \frac{140}{2} = 70.$$

Ayant trouvé le plus grand nombre x, j'en retranche 40 pour avoir le plus petit, et j'ai 30 pour celui-ci. Ainsi les deux nombres demandés sont 70 et 30.

Le raisonnement que l'on vient de suivre n'a rien de particulier aux nombres 100 et 40 ; il serait le même pour d'autres nombres.

Soit proposé la question de cette manière générale : *Deux nombres réunis font une somme connue et représentée par* a ; *ces deux nombres diffèrent entre eux d'un nombre connu représenté par* b : *trouver ces deux nombres.*

Ayant représenté le plus grand par $\qquad x$
le plus petit sera donc $\qquad x - b.$
Ces deux nombres réunis font $\qquad 2x - b.$

Or, selon la question, ils doivent former le nombre a ; il faut donc que

$$2x - b = a.$$

Transposant, on a

$$2x = a + b,$$

et divisant,

$$x = \frac{a+b}{2} \text{ ou } x = \frac{a}{2} + \frac{b}{2}.$$

C'est-à-dire que, pour avoir le plus grand, il faut prendre la moitié de a, et y ajouter la moitié de b ; ce qui signifie que *lorsqu'on connaît la somme* a *de deux nombres inconnus, et leur différence* b, *on a le plus grand de ces deux nombres inconnus en prenant la moitié de la somme et y ajoutant la moitié de la différence.*

Puisque le plus petit des deux nombres est $x - b$, il sera donc $\dfrac{a}{2} + \dfrac{b}{2} - b$, ou, en réduisant tout en une seule fraction, il sera $\dfrac{a+b-2b}{2}$, c'est-à-dire $\dfrac{a-b}{2}$ ou $\dfrac{a}{2} - \dfrac{b}{2}$; donc *pour avoir le plus petit, il faut* ôter la moitié de b de la moitié de a, c'est-à-dire *retrancher la moitié de la différence de la moitié de la somme.*

On voit par là comment en représentant d'une manière générale, c'est-à-dire par des lettres, les quantités connues qui entrent dans les questions, on parvient à trouver des règles générales pour la résolution de toutes les questions de même espèce.

Souvent des questions paraissent différentes au premier coup d'œil, et cependant, après un léger examen, elles ne diffèrent que par l'énoncé. Par exemple, si on proposait cette question : *Partager un nombre connu et représenté par* a *en deux parties, dont l'une soit moindre ou plus grande que l'autre d'une quantité connue et représentée par* b ; il serait facile de voir que cette question est la même que la précédente.

Problème 2. *Partager* 720 *en 3 parties, de manière que la plus grande surpasse la plus petite de* 80 *et que la moyenne surpasse la plus petite de* 40.

Si l'on me disait quel est le plus petit nombre, pour le vérifier j'y ajouterais 40 d'une part, ce qui me donnerait le second, et 80 d'une autre part, ce qui donnerait le plus grand ; alors réunissant ces trois nombres, leur somme serait égale à 720.

Nommons donc ce plus petit nombre x ; et en procédant de la même manière, nous dirons :

Le plus petit nombre est x ; donc le moyen est $x + 40$, et le plus grand $x + 80$; or ces trois nombres réunis font $3x + 120$; d'ailleurs la question exige qu'ils fassent 720.

Il faut donc que

$$3x + 120 = 720.$$

Appliquant les règles ci-dessus, on aura

$$3x = 720 - 120,$$
$$3x = 600,$$
$$x = 200 ;$$

donc le second nombre est 240, et le plus grand 280. Ces trois nombres réunis font en effet 720.

Il est encore évident, dans cet exemple, que si l'on changeait les nombres proposés 720, 40 et 80, la question pourrait toujours se résoudre de la même manière. Ainsi, pour résoudre toutes les questions dans lesquelles il s'agit de partager un nombre connu a en trois parties telles que l'excès de la plus grande sur la plus petite soit un nombre connu et représenté par b, et que l'excès de la moyenne sur la plus petite soit c ; en raisonnant de même, on dira :

Représentons la plus petite par x ; la moyenne sera $x + c$, et la plus grande $x + b$; ces trois parts réunies font $3x + b + c$; or elles doivent égaler a.

Il faut donc que

$$3x + b + c = a ;$$

d'où

$$3x = a - b - c,$$

$$x = \frac{a - b - c}{3}.$$

C'est-à-dire que, pour avoir la plus petite, il faut retrancher du nombre qu'il s'agit de partager, les deux excès, et prendre le tiers du reste : alors les deux autres sont faciles à trouver. Ainsi, soit à partager 642 en trois parties, dont la moyenne surpasse la plus petite de 75, et dont la plus grande surpasse la plus petite de 87 ; on ajoute les deux différences 75 et 87, ce qui donne 162 ; retranchant 142 de 642, il reste 480, dont le tiers 160 est la plus petite part. Les deux autres sont donc 160 + 75 ou 235, et 160 + 87 ou 247.

Problème 3. *Partager* 14250 *en trois parties qui soient entre elles comme les nombres* 3 , 5 *et* 11.

Soit x la première partie, y la seconde et z la troisième. Pour trouver la seconde y, on écrira :

$$\frac{y}{x} = \frac{5}{3} ;$$

d'où

$$3y = 5x,$$

et

$$y = \frac{5x}{3}.$$

Pour trouver la troisième z, on aura :

$$\frac{z}{x} = \frac{11}{3} ;$$

d'où

$$3z = 11x,$$

et

$$z = \frac{11x}{3}.$$

La somme des trois parties vaut 14250 ; par conséquent

$$x + \frac{5x}{3} + \frac{11x}{3} = 14250,$$

$$19x = 42750,$$

$$x = \frac{42750}{19},$$

$$x = 2250. \qquad (1^{re} \text{ partie.})$$

La seconde partie, qui est $\frac{5x}{3}$, sera $\frac{5 \times 2250}{3}$ ou 3750.

La troisième partie, qui est $\frac{11x}{3}$, sera $\frac{11 \times 2250}{3}$ ou 8250.

En effet, la somme des trois parties donne 14250 :

$$2250 + 3750 + 8250 = 14250 ;$$

et ces parties sont entre elles comme les nombres 3, 5 et 11 : ce qu'il est facile de voir en les divisant par le même nombre 750, ce qui ne change pas leur rapport.

Si le nombre qu'on propose de partager, au lieu d'être 14250, était tout autre ; s'il était en général représenté par a, et que les nombres proportionnels aux parties en lesquelles on veut le partager, au lieu d'être 3, 5, 11, fussent en général trois nombres connus et représentés par les lettres m, n, p, le raisonnement serait le même.

Ainsi la première part étant représentée par x, la seconde part serait

$$\frac{nx}{m} ;$$

la troisième part serait

$$\frac{px}{m}.$$

Les trois parts réunies seraient donc

$$x + \frac{nx}{m} + \frac{px}{m},$$

ou

$$x + \frac{nx + px}{m};$$

or elles doivent égaler a; il faut donc que

$$x + \frac{nx + px}{m} = a.$$

Chassant le dénominateur, on a

$$mx + nx + px = ma;$$

et par conséquent,

$$x = \frac{ma}{m + n + p}.$$

Problème 4. *Sur une même ligne* **AM** *deux convois sont dirigés dans le même sens de* A *vers* M. *Le premier convoi part de* B *et parcourt* 28 *kilomètres par heure; le second part de* A 15 *minutes après le premier convoi et avec une vitesse de* 35 *kilomètres par heure;* AB *étant égal à* 200 *kilomètres, on demande à quelle distance du point* A *se fera la rencontre.*

A   B   R   M

Soit R le point de rencontre et $AR = x$.

Le premier convoi partant de B parcourt $BR = AR - AB = x - 200$; or, sa vitesse étant 28, il est évident qu'il lui faudra autant d'heures que $x - 200$ contient de fois 28; donc le nombre d'heures de marche du premier convoi est

$$\frac{x - 200}{28}.$$

Le deuxième convoi parcourt AR ou x avec une vitesse de 35 kilomètres; il lui faudra autant d'heures que x contient de fois 35; donc le nombre d'heures de marche du deuxième convoi est $\frac{x}{35}$; mais ce dernier convoi est en retard sur le premier de 15 minutes, ou $\dfrac{15}{60}$ d'heure, ou $\dfrac{1}{4}$. Conséquem-

ment, en ajoutant $\dfrac{1}{4}$ au nombre d'heures du second con-

voi, on égalera le nombre d'heures du premier. Donc

$$\dfrac{x-200}{28} = \dfrac{x}{35} + \dfrac{1}{4}.$$

Réduisant au même dénominateur 140, et supprimant ce dénominateur,

$$5x - 1000 = 4x + 35\,;$$

d'où

$$x = 1035.$$

Ainsi la rencontre se fera à 1035 kilomètres du point A.

Il est facile de vérifier ce résultat : en effet, le second convoi ayant parcouru 1035 kilomètres avec une vitesse de 35
kilomètres, aura employé un nombre d'heures représenté par

$$\dfrac{1035}{35} = 29^{\text{h}}\,\dfrac{4}{7}.$$

Le premier convoi ayant parcouru $1035^k - 200^k$, ou 835^k,
avec une vitesse de 28 kilomètres, aura employé un nombre
d'heures représenté par

$$\dfrac{835}{28} = 29^{\text{h}}\,\dfrac{23}{28}.$$

Si du nombre $29\,\dfrac{23}{28}$ on retranche $29\,\dfrac{4}{7}$, on trouve $\dfrac{1}{4}$

d'heure pour différence des deux départs ; ce qui devait être.

Il est facile de voir qu'en changeant les nombres le raisonnement resterait le même. Représentons en général AB par
a ; soit v la vitesse du premier convoi partant de B, soit v' la
vitesse du deuxième convoi partant de A, et soit b les heures
de retard du second convoi sur le premier.

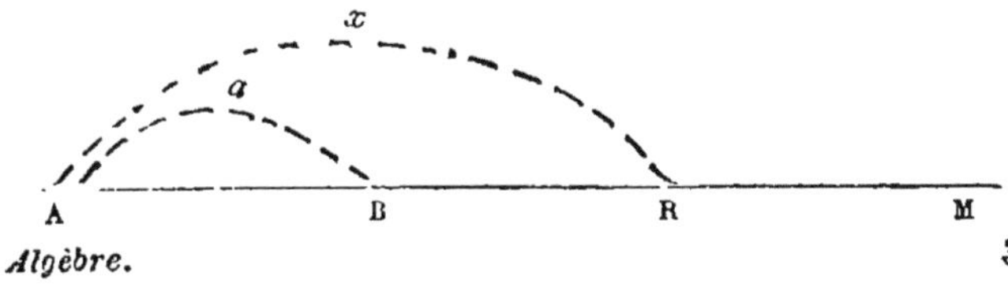

Soit x la distance parcourue par le second convoi, $\dfrac{x}{}$ sera le temps qu'il emploiera à parcourir cet espace.

Le premier convoi partant de B parcourt un espace $x - a$, et le temps qu'il met à parcourir cet espace est $\dfrac{x - a}{v'}$; or ce temps est supérieur à celui du premier convoi d'un nombre d'heures b ; donc il faut ajouter b au temps du premier convoi pour l'égaler à celui du second. Ainsi on a

$$\frac{x - a}{v} = \frac{x}{v'} + b.$$

Réduisant au même dénominateur et chassant le dénominateur commun :

$$v'x - av' = vx + bvv';$$

d'où

$$(v' - v)\, x = av' - bvv',$$

et

$$x = \frac{av' + bvv'}{v' - v}.$$

Appliquons cette formule au problème numérique précédent, dans lequel $a = 200$; $v = 28$; $v' = 35$; $b = \frac{1}{4}$.

$$x = \frac{200 \times 35 + \frac{1}{4} \times 28 \times 35}{35 - 28};$$

$$x = \frac{7000 + 245}{7};$$

$$x = 1035.$$

Problème 5. *L'aiguille des heures d'une montre répond à* 17 *minutes et celle des minutes à* 24 *minutes, c'est-à-dire qu'il est* 3ʰ 24ᵐ *; on demande à quelle heure les deux aiguilles se rencontreront.*

En appliquant la formule précédente

$$x = \frac{av' + bvv'}{v' - v},$$

3.

l'aiguille des minutes peut être regardée comme le premier convoi, dont la vitesse est 60.

L'aiguille des heures sera le second convoi, dont la vitesse est 5; ou, en divisant ces deux vitesses par 5, on voit qu'elles sont dans le même rapport que 12 et 1. La distance des deux aiguilles est un tour entier ou 60 minutes, moins la différence de 24 à 17 : or $60 - 7 = 53$; mais comme les aiguilles partent en même temps, $b = 0$, et, par conséquent, dans la formule, on a $bvv' = 0$; ce qui réduit à

$$x = \frac{av'}{v' - v};$$

$$a = 53; \quad v = 1; \quad v' = 12;$$

$$x = \frac{53 \times 12}{12 - 1};$$

$$x = \frac{636}{11};$$

$$x = 57 \tfrac{9}{11}.$$

L'aiguille des minutes aura donc à parcourir 57 minutes $\tfrac{9}{11}$ pour rencontrer celle des heures. Or il était primitivement $3^h 24^m$; en ajoutant $57^m \tfrac{9}{11}$, on aura $4^h 21^m \tfrac{9}{11}$ pour l'heure de la rencontre des deux aiguilles.

Des quantités positives et des quantités négatives.

86. Lorsqu'on a résolu d'une manière générale toutes les questions d'une même espèce, on peut souvent faire usage de formules générales pour la résolution d'autres questions dont les conditions sont entièrement opposées à celles qu'on a eu en vue de remplir : un simple changement de $+$ en $-$, ou de $-$ en $+$ dans les signes des quantités, suffit souvent. Mais avant de faire connaître ce nouvel usage des signes, il faut les considérer sous un nouvel aspect.

87. Les lettres ne représentent que la valeur absolue des quantités. Les signes $+$ et $-$ n'ont représenté jusqu'ici que les opérations de l'addition et de la soustraction ; mais ils peuvent aussi représenter, dans plusieurs cas, la manière d'être des quantités les unes à l'égard des autres.

Une même quantité peut être considérée sous deux points de vue opposés, ou comme capable d'augmenter une quantité, ou comme capable de la diminuer. Tant qu'on ne représentera cette quantité que par une lettre ou par un nombre, rien ne désignera quel est celui des deux aspects sous lequel on la considère. Par exemple, s'il est question d'un homme qui a autant de bien que de dettes, le même nombre peut servir à exprimer la quantité numérique des uns et des autres ; mais ce nombre, tel qu'il soit, ne ferait point connaître la différence des uns aux autres. Le moyen plus naturel de faire sentir cette différence, c'est de les désigner par un signe qui indique l'effet qu'elles peuvent avoir l'une sur l'autre : or l'effet des dettes étant de retrancher sur les possessions, il est naturel de désigner celles-là en leur appliquant le signe $-$.

De même si l'on regarde une ligne droite comme engendrée par le mouvement d'un point A, mû perpendiculairement à la ligne BC, on voit que ce point pouvant

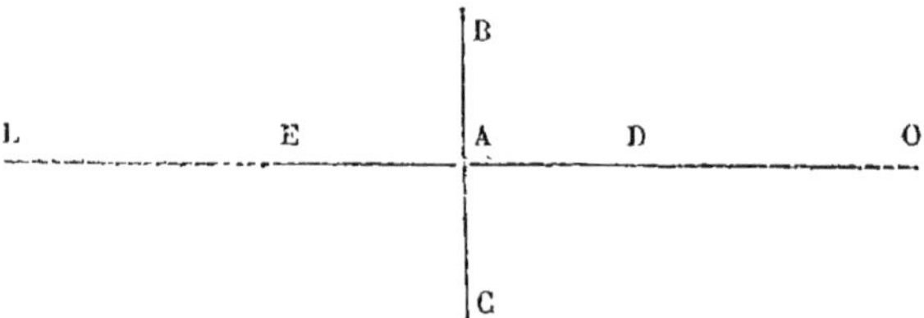

aller, ou de A vers D, ou de A vers E, si l'on représente par a le chemin AD ou AE qu'il a fait, on ne détermine pas encore absolument la situation de ce point. Le moyen de la fixer est d'indiquer, par quelque signe, si la quantité a doit être considérée à droite ou à gauche : or les signes $+$ et $-$ sont propres à cet effet; car si l'on estime le mouvement du point A à l'égard d'un point L connu et regardé comme terme fixe, lorsque le point A se meut vers D, ce qu'il décrit tend à augmenter LA; et lorsqu'il se meut vers E, ce qu'il décrit tend au contraire à diminuer LA ; il est donc naturel de représenter AD par $+a$, ou simplement par a, et au contraire, de représenter AE par $-a$. Ce serait tout le contraire si, au lieu de rapporter le mouvement du point A au point L, on l'avait rapporté au point O.

Les quantités négatives ont donc une existence aussi réelle que les positives, et elles n'en diffèrent qu'en ce qu'elles ont une acception toute contraire dans le calcul.

88. Les quantités positives et les quantités négatives peuvent se trouver et se trouvent souvent mêlées ensemble dans un calcul, non-seulement parce que certaines opérations ont conduit, comme nous l'avons vu jusqu'ici, à retrancher certaines quantités d'autres quantités, mais encore parce que l'on a souvent besoin d'exprimer, dans le calcul, les différents aspects sous lesquels on considère les quantités. Au reste, quel que soit celui de ces deux aspects sous lequel on se représente les quantités négatives, les règles que nous avons données pour les différentes opérations sont toujours les mêmes.

89. Si donc après avoir résolu une question, il arrivait que la valeur de l'inconnue trouvée par les méthodes ci-dessus fût négative; si l'on arrivait, par exemple, à un résultat tel que celui-ci, $x = -3$, il faudrait en conclure que la quantité qu'on a désignée par x n'a point les propriétés qu'on lui a supposées en faisant le calcul, mais des propriétés toutes contraires.

Exemple : Trouver un nombre qui, étant ajouté à 15, donne 10.

Cette question est évidemment impossible. Si l'on représente le nombre cherché par x, on aura cette équation

$$x + 15 = 10,$$

et par conséquent

$$x = 10 - 15$$

ou

$$x = -5.$$

Cette dernière conclusion me fait donc voir que x que j'avais considéré comme devant être ajouté à 15 pour former 10, en doit au contraire être retranché.

90. Ainsi toute solution négative indique quelque fausse supposition dans l'énoncé de la question; mais en même temps elle en indique la correction, en ce qu'elle montre que la quantité cherchée doit être prise dans un sens tout opposé à celui dans lequel elle l'a été.

91. On conclut de là que, si après avoir résolu une question dans laquelle quelques-unes des quantités étaient prises dans un certain sens, on veut résoudre cette même question en prenant ces mêmes quantités dans un sens tout opposé, il suffit de changer les signes qu'ont actuellement ces quantités.

Par exemple, dans le problème 4, résolu généralement pour le cas où les deux convois allaient vers un même côté, si l'on veut avoir la résolution de toutes les questions qu'on peut proposer dans le cas où ils viennent au-devant l'un de l'autre, on y satisfait en changeant, dans la valeur de x trouvée $x = \dfrac{av' + bvv'}{v' - v}$

précédemment, le signe de v. En effet, puisque le premier convoi vient au-devant du second, au lieu de s'en éloigner, il diminue le chemin que celui-ci doit faire; il le diminue à raison du chemin v qu'il fait par heure; il faut donc exprimer que v, au lieu d'ajouter, retranche; il faut donc, au lieu de $+v$, mettre $-v$. Ce changement donne

$$x = \frac{av' - bvv'}{v' + v};$$

car en changeant le signe de v, dans le terme $+bvv'$, qui n'est que $+bv' \times +v$, il faudrait écrire $+bv' \times -v$, qui revient à $-bvv'$. Car le signe $-$ de la quantité v indique, suivant l'idée émise précédemment, que v doit être employé à des usages contraires à ceux qu'il aurait s'il avait le signe $+$; or, dans ce dernier cas, v serait employé à indiquer combien de fois on doit ajouter bv'; il signifie donc ici combien de fois on doit le retrancher, de sorte que le produit est $-bvv'$.

92. En général, dès que les quantités négatives ont essentiellement une acception toute contraire à celle qu'elles auraient étant positives, et que cette diversité d'acception est indiquée par les signes de deux opérations contraires, il faut nécessairement que ce qui est addition pour les unes soit soustraction pour les autres, et réciproquement; de sorte que si b retranché de a donne $a - b$, $-b$ retranché de a donne nécessairement $a + b$. D'où l'on voit que si on interprète le tout conformément à l'idée qu'on doit attacher aux quantités négatives, ces deux opérations se changent l'une en l'autre, lorsqu'on passe des quantités positives aux négatives, et réciproquement, et ne conservent, à proprement parler, que le nom; de sorte que ce n'est que par une espèce d'analogie que l'on dit qu'on retranche $-b$ de a.

Confirmons, par un exemple, ce que nous venons de dire sur l'usage des changements de signes, pour résoudre les questions dont les conditions sont contraires.

Exemple : Supposons deux courriers venant en sens contraire, et partis de deux endroits éloignés de 100 lieues. Le premier part sept heures avant le second, et fait 2 lieues par heure; le second en fait 3 par heure.

Dans la formule du problème 4

$$x = \frac{av' + bvv'}{v' - v};$$

changeons le signe de v, nous aurons

$$x = \frac{av' - bvv'}{v' + v},$$

$$a = 100 \qquad b = 7$$
$$v = 2 \qquad v' = 3$$

$$x = \frac{100 \times 3 - 7 \times 2 \times 3}{3 + 2},$$

$$x = \frac{300 - 42}{5},$$

$$x = \frac{258}{5} = 51\,\frac{3}{5}.$$

93. Comme il est fort important d'acquérir la facilité de mettre en équation, nous joignons ici quelques problèmes simples pour exercer les élèves, nous contentant d'en donner le résultat pour servir à confirmer leurs essais. Après avoir résolu ces problèmes numériquement, ainsi qu'ils sont proposés, on fera très-bien de s'exercer à les résoudre en substituant des lettres aux nombres : c'est en imitant ainsi les solutions particulières que l'on acquiert la facilité de généraliser et d'étendre ses idées.

Problème 1. Trouver un nombre qui, étant successivement ajouté à 5 et à 12, donne deux sommes qui soient l'une à l'autre, comme 3 est à 4. *Réponse :* 16.

Problème 2. Trouver un nombre dont la moitié, le tiers et les $\frac{2}{3}$ réunis surpassent ce nombre de 7. *Réponse :* 30.

Problème 3. On emploie trois ouvriers dont le premier fait 5 mètres d'ouvrage par jour, le second 7, et le troisième 8; on demande en quel temps ces trois ouvriers, travaillant ensemble, feront 100 mètres. *Réponse* : 5 jours.

Problème 4. On a loué un ouvrier paresseux à raison de 1^f,20 pour chaque jour qu'il travaillerait, mais à condition de lui retenir, sur ce qui lui serait dû, 0,30 pour chaque jour qu'il ne travaillerait pas. On lui fait son compte au bout de 30 jours, et il se trouve qu'il n'a rien à recevoir; on demande combien de jours il a travaillé. *Réponse :* 6 jours.

Problème 5. Un entrepreneur achète des bois qu'il vend ensuite 1500^f de plus qu'il ne les a achetés. A ce marché il se trouve gagner 10 pour 100 du prix qu'il les vend; on demande combien il les avait achetés. *Réponse :* 13500 francs.

Problème 6. On a payé une certaine somme en quinze payements qui ont été en augmentant toujours de la même quantité; le premier payement a été de 7 francs, le dernier de 37 francs; on demande de combien chaque payement augmentait. *Réponse* : 2 $\frac{1}{7}$.

Des équations du premier degré à plusieurs inconnues.

94. Soit qu'il y ait plusieurs inconnues, soit qu'il n'y en ait qu'une, la méthode qu'on doit suivre pour mettre un problème en équation est toujours la même. Mais, en général, il faut former autant d'équations que peuvent en fournir les données de la question. Si ces données sont toutes distinctes et indépendantes les unes des autres, et si, en même temps, chacune peut être exprimée par une équation, la question ne peut avoir plus d'une solution, lorsque toutes ces équations sont du premier degré, et qu'en même temps il y en a autant que d'inconnues. Mais si quelqu'une des données se trouve

3.

ou explicitement ou implicitement comprise dans quelqu'une des autres, ou si le nombre des données est moindre que le nombre des inconnues, alors on aura moins d'équations que d'inconnues ; et la question peut avoir une infinité de solutions, à moins que quelque condition particulière, mais qui ne peut être exprimée par une équation, n'en limite le nombre. On voit donc qu'en général il faut autant d'équations que d'inconnues. On donne le nom de *système* à l'ensemble des équations dans lesquelles les mêmes inconnues représentent les mêmes nombres.

Des équations du premier degré à deux inconnues.

95. Pour résoudre un système de deux équations à deux inconnues, il faut, entre ces deux équations, *éliminer* une inconnue, c'est-à-dire, avec ces deux équations n'en former qu'une seule ne contenant qu'une seule inconnue. On résout cette équation et on substitue dans l'une des deux premières équations la valeur de l'inconnue que l'on vient de trouver ; ce qui transforme à son tour cette équation à deux inconnues en une équation à une seule inconnue.

96. On peut éliminer une inconnue par trois méthodes principales qui portent les noms d'élimination par *comparaison*, par *réduction* et par *substitution*.

97. *Première méthode, élimination par comparaison.* — On prend dans chaque équation la valeur d'une même inconnue, en opérant comme si tout le reste était connu : on égale ces deux valeurs, et l'on a une équation qui ne renferme plus que la seconde inconnue.

1er *Exemple :* Soient les deux équations

$$2\,x + y = 24,$$
$$5\,x + 3\,y = 65.$$

De la première, on tire

$$x = \frac{24 - y}{2},$$

et de la seconde,

$$x = \frac{65 - 3y}{5}.$$

Comparant les **deux** valeurs de x, on a

$$\frac{24 - y}{2} = \frac{65 - 3y}{5},$$

$$120 - 5y = 130 - 6y,$$

$$6y - 5y = 130 - 120,$$

$$y = 10.$$

Pour avoir x, on substitue, au lieu de y, sa valeur 10 dans la première valeur de x trouvée ci-dessus. (On pourrait également substituer dans la seconde.) Cette substitution donne

$$x = \frac{24 - 10}{2} = \frac{14}{2} = 7.$$

2e *Exemple* : Soient les deux équations

$$\frac{4x}{5} - \frac{5y}{6} = 2,$$

$$\tfrac{2}{3} x + \tfrac{3}{4} y = 19.$$

Réduisant au même dénominateur dans chaque équation, supprimant le dénominateur commun et réduisant, on a

$$24x - 25y = 60,$$
$$8x + 9y = 228.$$

De la première de ces deux équations, on tire

$$x = \frac{60 + 25y}{24};$$

et de la seconde,

$$x = \frac{228 - 9y}{8}.$$

Comparant ces deux valeurs de x, on a

$$\frac{60 + 25\,y}{24} = \frac{228 - 9\,y}{8},$$

équation qui ne renferme plus que y, et dont on conclura $y = 12$.

Pour avoir x, on met, au lieu de y, sa valeur 12 dans l'une ou l'autre des deux valeurs de x, dans la première, par exemple, c'est-à-dire dans

$$x = \frac{60 + 25\,y}{24},$$

laquelle devient par là

$$x = \frac{60 + 25 \times 12}{24} = \frac{360}{24} = 15.$$

3ᵉ *Exemple* : Soient les deux équations

$$\tfrac{2}{5}\,x = \tfrac{1}{4}\,x + \tfrac{3}{7}\,y - 9,$$
$$\tfrac{4}{5}\,x - \tfrac{2}{7}\,y = \tfrac{1}{2}\,y - 6.$$

Réduisant au même dénominateur dans chaque équation, supprimant le dénominateur commun et réduisant,

$$56\,x = 35\,x + 60\,y - 1260,$$
$$56\,x - 20\,y = 35\,y - 420.$$

De la première, on tire

$$x = \frac{60\,y - 1260}{21};$$

et de la seconde,

$$x = \frac{55\,y - 420}{56}.$$

Comparant ces deux valeurs de x, on a

$$\frac{60\,y - 1260}{21} = \frac{55\,y - 420}{56},$$

$$y = 28.$$

Pour avoir la valeur de x, on substitue, au lieu de y, sa valeur 28, dans l'équation

$$x = \frac{60\,y - 1260}{21},$$

trouvée ci-dessus, ce qui donne

$$x = \frac{60 \times 28 - 1260}{21} = \frac{420}{21} = 20.$$

4e *Exemple* : Soient les deux équations littérales

$$ax + by = c,$$
$$a'x + b'y = c',$$

dans lesquelles a, b, c, a', b', c' représentent des quantités connues, positives ou négatives. La première donne

$$x = \frac{c - by}{a} ;$$

la seconde donne de même

$$x = \frac{c' - b'y}{a'}.$$

Comparant ces deux valeurs de x, on a

$$\frac{c - by}{a} = \frac{c' - b'y}{a'} ;$$

chassant les fractions, et transposant, on a

$$ab'y - ba'y = ac' - ca' ;$$

d'où l'on tire

$$y = \frac{ac' - ca'}{ab' - ba'}.$$

Pour avoir la valeur de x, il faut substituer, au lieu de y, sa valeur $\dfrac{ac' - ca'}{ab' - ba'}$ dans l'une des deux valeurs de x, dans

$$x = \frac{c - by}{a},$$ par exemple. Cette substitution donnera

$$x = \dfrac{c - b \times \dfrac{ac' - ca'}{ab' - ba'}}{a},$$

ou effectuant,

$$x = \dfrac{\dfrac{ab'c - bca' - abc' + bca'}{ab' - ba'}}{a}, \dots$$

$$x = \dfrac{ab'c - abc'}{aab' - aba'},$$

$$x = \dfrac{cb' - bc'}{ab' - ba'}.$$

98. Nous avons supposé jusqu'ici que les deux inconnues se trouvaient toutes deux dans chaque équation. Lorsque cela n'arrive point, le calcul ne diffère des précédents qu'en ce qu'il est plus simple.

Par exemple, si l'on avait

$$5ax = 3b,$$
$$cx + dy = e,$$

la première donnerait

$$x = \dfrac{3b}{5a},$$

et la seconde,

$$x = \dfrac{e - dy}{c}.$$

Egalant ces deux valeurs, on aurait

$$\dfrac{3b}{5a} = \dfrac{e - dy}{c};$$

d'où, chassant les dénominateurs, transposant et réduisant, on tire

$$y = \dfrac{5ae - 3bc}{5ad}.$$

99. *Deuxième méthode, élimination par réduction.*
— Pour éliminer une inconnue par cette deuxième méthode, il suffit de disposer les deux équations de manière
que l'inconnue à éliminer ait le même coefficient et des
signes contraires. On ajoute ensuite les deux équations
membre à membre : ce qui se fait en réduisant ensemble
d'une part les deux premiers membres des équations, et
d'une autre part les deux seconds membres. Nous allons
résoudre par cette seconde méthode les mêmes équations
résolues déjà par la première.

1er *Exemple :* Soient les deux équations

$$2x + y = 24, \qquad\qquad (1)$$

$$5x + 3y = 65. \qquad\qquad (2)$$

Multipliant par 3 tous les termes de l'équation (1), on a

$$6x + 3y = 72; \qquad\qquad (3)$$

changeant les signes de l'équation (2),

$$-5x - 3y = -65; \qquad\qquad (4)$$

réduisant ensemble les équations (3) et (4),

$$x = 7.$$

Une inconnue étant trouvée, il est facile de déterminer la
valeur de l'autre ; en effet, substituant la valeur de x dans
l'équation (1),

$$14 + y = 24,$$
$$y = 24 - 14,$$
$$y = 10.$$

2e *Exemple :* Soient les deux équations

$$\frac{4x}{5} - \frac{5y}{6} = 2,$$

$$\frac{2x}{3} + \frac{3y}{4} = 19.$$

Ainsi qu'on l'a vu précédemment, ces deux équations se réduisent à celles-ci :

$$24\,x - 25\,y = 60, \qquad (1)$$

$$8\,x + 9\,y = 228. \qquad (2)$$

Multipliant par 3 tous les termes de l'équation (2),

$$24\,x + 27\,y = 684; \qquad (3)$$

changeant les signes de l'équation (1),

$$-24\,x + 25\,y = -60; \qquad (4)$$

réduisant ensemble les équations (3) et (4),

$$52\,y = 624,$$

$$x = \frac{624}{52}.$$

$$y = 12.$$

Substituant la valeur de y dans l'équation (2),

$$8\,x + 108 = 228,$$

$$8x = 228 - 108 = 120,$$

$$x = \frac{120}{8} = 15.$$

3e *Exemple* : Soient les deux équations

$$\frac{2x}{5} = \frac{x}{4} + \frac{3y}{7} - 9,$$

$$\frac{4x}{5} - \frac{2y}{7} = \frac{y}{2} - 6.$$

Ces deux équations se réduisent à celles-ci :

$$7\,x - 20\,y = -420, \qquad (1)$$

$$56\,x - 55\,y = -420. \qquad (2)$$

Multipliant par 8 les deux membres de l'équation (1),

$$56\,x - 160\,y = -3360\,;\qquad(3)$$

changeant les signes de la dernière équation,

$$-56\,x + 160\,y = 3360\,;\qquad(4)$$

réduisant les équations (2) et (4),

$$105\,y = 2940\,,$$

$$y = \frac{2940}{105}\,,$$

$$y = 28\,;$$

substituant la valeur de y dans l'équation (1),

$$7\,x - 560 = -420\,,$$

$$7\,x = 560 - 420 = 140\,,$$

$$x = \frac{140}{7}\,,$$

$$x = 20.$$

4ᵉ *Exemple :* Soient les deux équations

$$a\,x + b\,y = c,\qquad(1)$$

$$a'x + b'y = c'.\qquad(2)$$

Pour éliminer y, on multiplie la première équation par b' et la seconde par b,

$$a\,b'x + b\,b'y = c\,b',\qquad(3)$$

$$b\,a'x + b\,b'y = b\,c'.\qquad(4)$$

Changeant les signes de l'équation (4),

$$-b\,a'x - b\,b'y = -b\,c'\,;\qquad(5)$$

réduisant ensemble les équations (5) et (3),

$$a\,b'x - b\,a'x = c\,b' - b\,c',$$

$$(a\,b' - b\,a')\,x = c\,b' - b\,c',$$

$$x = \frac{c\,b' - b\,c'}{a\,b' - b\,a'};$$

substituant la valeur de x dans l'une des équations (1) et (2), on obtient

$$y = \frac{a\,c' - c\,a'}{a\,b' - b\,a'};$$

100. *Troisième méthode, élimination par substitution.* — Pour éliminer une inconnue par cette dernière méthode, qui est principalement recommandée par les derniers programmes, il faut prendre dans l'une des équations la valeur de cette inconnue en supposant le reste connu, et substituer cette valeur à la place de la même inconnue dans l'autre équation. Nous reprenons encore les mêmes exemples pour que l'élève puisse se convaincre que ces trois méthodes conduisent toujours à un résultat identique.

1er *Exemple* : Soient les deux équations

$$2\,x + y = 24, \qquad (1)$$
$$5\,x + 3\,y = 65. \qquad (2)$$

Prenant la valeur de y dans l'équation (1),

$$y = 24 - 2\,x; \qquad (3)$$

substituant cette valeur de y dans l'équation (2),

$$5\,x + 3\,(24 - 2\,x) = 65,$$
$$5\,x + 72 - 6\,y = 65,$$
$$x = 7;$$

mettant la valeur de y dans l'équation (3),

$$y = 24 - 14 = 10.$$

2e *Exemple* : Soient les deux équations

$$\frac{4x}{5} - \frac{5y}{6} = 2,$$

$$\frac{2x}{3} + \frac{3y}{4} = 19.$$

On les ramène d'abord à celles-ci :

$$24x - 25y = 60, \qquad (1)$$

$$8x + 9y = 228 ; \qquad (2)$$

prenant la valeur de y dans l'équation (2),

$$y = \frac{228 - 8x}{9} ;$$

substituant cette valeur dans l'équation (1),

$$24x - 25\left(\frac{228 - 8x}{9}\right) = 60,$$

$$24x - \frac{5700 - 200x}{9} = 60,$$

$$216x - 5700 + 200x = 540,$$

$$416x = 6240 ,$$

$$x = \frac{6240}{416} ,$$

$$x = 15 ;$$

mettant cette valeur à la place de x dans l'équation (1),

$$360 - 25y = 60,$$

$$360 - 60 = 25y,$$

$$300 = 25y,$$

$$y = \frac{300}{25} ,$$

$$y = 12.$$

3e *Exemple* : Soient les deux équations

$$\frac{2x}{5} = \frac{x}{4} + \frac{3y}{7} - 9,$$

$$\frac{4x}{5} - \frac{2y}{7} = \frac{y}{2} - 6.$$

Ces deux équations se réduisent d'abord à celles-ci :

$$7x - 20y = -420, \qquad (1)$$

$$56x - 55y = -420. \qquad (2)$$

Prenant la valeur de y dans l'équation (1),

$$y = \frac{420 + 7x}{20};$$

substituant cette valeur de y dans l'équation (2),

$$56x - 55\left(\frac{420 + 7x}{20}\right) = -420,$$

$$56x - \left(\frac{23100 + 385x}{20}\right) = -420,$$

$$1120x - 23100 - 385x = -8400,$$

$$735x = 14700,$$

$$x = \frac{14700}{735},$$

$$x = 20.$$

4e *Exemple* : Soient les deux équations

$$ax + by = c, \qquad (1)$$

$$a'x + b'y = c'. \qquad (2)$$

Prenant la valeur de y dans l'équation (1),

$$y = \frac{c - ax}{b};$$

substituant cette valeur dans l'équation (2),

$$a'x + b'\left(\frac{c - ax}{b}\right) = c',$$

$$a'x + \frac{cb' - ab'x}{b} = c',$$

$$ba'x + cb' - ab'x = bc',$$

$$bc' - cb' = ab'x - ba'x,$$

$$bc' - cb' = (ab' - ba')x,$$

$$x = \frac{bc' - cb'}{ab' - ba'};$$

substituant la valeur de x dans l'une des équations (1) ou (2), on trouve pour valeur de y,

$$y = \frac{ac' - ca'}{ab' - ba'}.$$

Des équations du premier degré à trois et à un plus grand nombre d'inconnues.

101. Lorsqu'on est parvenu à résoudre facilement les équations à deux inconnues, on peut sans difficulté passer à la solution des équations à trois et à plusieurs inconnues.

102. *Équations à trois inconnues.* — Lorsqu'on a à résoudre un système de trois équations à trois inconnues, il faut, par l'une des trois méthodes précédentes (96), éliminer une même inconnue entre l'une de ces équations et les deux autres; on obtient ainsi un système de deux équations à deux inconnues qu'on sait déjà résoudre. Lorsqu'on a trouvé deux inconnues, on substitue leur valeur dans l'une des trois équations primitives, et on déduit facilement alors la valeur de la troisième inconnue.

Exemple : Soient les trois équations

$$3x + 5y + 7z = 179,$$
$$8x + 3y - 2z = 64,$$
$$5x - y + 3z = 75.$$

De la première, on tire $x = \dfrac{179 - 5y - 7z}{3}$.

De la seconde, $\qquad x = \dfrac{64 - 3y + 2z}{8}$.

De la troisième, $\qquad x = \dfrac{75 + y - 3z}{5}$.

Égalant la première valeur de x à la seconde,

$$\frac{179 - 5y - 7z}{3} = \frac{64 - 3y + 2z}{8}.$$

Égalant de même la première à la troisième,

$$\frac{179 - 5y - 7z}{3} = \frac{75 + y - 3z}{5}.$$

Comme il n'y a plus que deux inconnues, on traite ces deux dernières équations suivant la règle donnée pour les équations à deux inconnues.

On prend donc dans chacune de ces deux équations la valeur de y. La première donne

$$y = \frac{1240 - 62z}{31};$$

la seconde donne

$$y = \frac{670 - 26z}{28}.$$

Égalant ces deux valeurs de y,

$$\frac{1240 - 62z}{31} = \frac{670 - 26z}{28},$$

qui ne renferme plus qu'une inconnue dont la valeur est

$$z = \frac{13950}{930} = 15.$$

Pour avoir y, on met, au lieu de z, sa valeur 15 dans l'é-
quation

$$y = \frac{1240 - 62\,z}{31},$$

qu'on vient de trouver ci-dessus ; ce qui donne

$$y = \frac{1240 - 62 \times 15}{31} = \frac{310}{31} = 10.$$

Enfin, pour avoir x, on met, au lieu de y, sa valeur 10,
et au lieu de z, sa valeur 15, dans l'une des trois valeurs de
x, trouvées ci-dessus, par exemple, dans

$$x = \frac{179 - 5\,y - 7\,z}{3},$$

qui devient par là

$$x = \frac{179 - 5 \times 10 - 7 \times 15}{3} = \frac{24}{3} = 8.$$

103. Si toutes les inconnues n'entraient pas à la fois
dans chaque équation, le calcul serait plus simple, mais
se ferait toujours d'une manière analogue.

Exemple : Soient les trois équations

$$5x + 3y = 65,$$
$$2y - z = 11,$$
$$3x + 4z = 57.$$

La première donnerait

$$x = \frac{65 - 3y}{5};$$

la seconde ne donnerait point de valeur de x ; la troisième
donnerait

$$x = \frac{57 - 4z}{3};$$

il n'y aurait donc que ces deux valeurs de x à égaler ; elles
donnent

$$\frac{65 - 3y}{5} = \frac{57 - 4z}{3},$$

équation qui ne renferme plus d'x, et qui, étant traitée avec
la seconde équation

$$2y - z = 11,$$

selon les règles des équations à deux inconnues, donnera les
valeurs de y et de z. En achevant le calcul, on trouvera
$z = 9$, $y = 10$, $x = 7$.

104. *Équations à plusieurs inconnues.* — Soit un
système de A équations avec A inconnues. Par l'une des
méthodes d'élimination vues précédemment, on élimine
une même inconnue entre ces équations, et on obtient
ainsi un système de A — 1 équations avec A — 1 inconnues. On élimine une nouvelle inconnue entre ces équations et on obtient un système de A — 2 équations avec
A — 2 inconnues. On continue ainsi jusqu'à ce qu'on ait
une seule équation avec une seule inconnue. Substituant
alors cette valeur dans une équation à deux inconnues,
on trouve la seconde inconnue. Substituant les valeurs
des deux inconnues trouvées dans une équation à trois
inconnues, on obtient la troisième inconnue, et ainsi
de suite.

Pour faciliter l'application des principes précédents,
nous donnerons ici quelques problèmes.

Problème 1. *On a deux espèces de monnaies : six
de la plus forte espèce avec dix de la seconde valent
200^r ; et 12 de la première espèce avec 7 de la seconde
font 275^r. On demande la valeur de chaque espèce de
monnaie.*

Si l'on savait combien vaut chaque espèce de monnaie, en
multipliant une pièce de la première espèce par 7, et celle
d'une pièce de seconde espèce par 12, et ajoutant les deux
produits, on trouverait 200 fr.; pareillement, en multipliant
la valeur d'une pièce de la première espèce par 12, celle de la
seconde par 7, et ajoutant les deux produits, on trouverait
275 fr.; cela étant, si je représente par x le nombre de francs
ou la valeur d'une pièce de la première espèce, et par y celle

d'une pièce de la seconde espèce, en raisonnant de la même manière, j'aurai les deux équations

$$7x + 12y = 200,$$

$$12x + 7y = 275,$$

$$x = \frac{200 - 12y}{7},$$

$$x = \frac{275 - 7y}{12},$$

$$\frac{200 - 12y}{7} = \frac{275 - 7y}{12},$$

$$2400 - 144y = 1925 - 49y,$$

$$95y = 475,$$

$$y = 5,$$

$$x = \frac{200 - 12y}{7},$$

$$x = \frac{200 - 60}{7},$$

$$x = 20;$$

donc cet homme avait des pièces de 20 fr. et des pièces de 5 fr.

Problème 2. On a fondu ensemble une certaine quantité d'or et une certaine quantité de cuivre. Le volume total est 43 centimètres cubes et pèse 787 grammes ; un centimètre cube d'or pèse 19 grammes, et un centimètre cube de cuivre pèse 9 grammes. On demande quelles sont les quantités d'or et de cuivre qui sont fondues. On suppose qu'il n'y a pas de changement de volume par la fusion des deux corps.

Si l'on connaissait le nombre de centimètres cubes de chaque espèce de matière, en ajoutant ces deux nombres, ils donneraient 43 pour leur somme. De plus, en prenant 19 gr. autant de fois qu'il y a de centimètres cubes d'or, on aurait le poids de l'or qui entre dans l'alliage ; et, en multipliant de même 9 par le nombre des centimètres cubes de cuivre, on aurait le poids du cuivre, puis en ajoutant ces deux produits, ils formeraient 787 gr.

Raisonnons donc de la même manière en représentant par x le nombre des centimètres cubes d'or, et par y le nombre des centimètres cubes de cuivre :

$$x + y = 43,$$

$$19x + 9y = 787.$$

$$x = 43 - y ;$$

$$x = \frac{787 - 9y}{19} ;$$

$$43 - y = \frac{787 - 9y}{19} ;$$

$$817 - 19y = 787 - 9y ;$$

$$817 - 787 = 19y - 9y ;$$

$$30 = 10y ;$$

$$y = 3 ;$$

$$x = 43 - y ;$$

$$x = 43 - 3 = 40.$$

Ainsi on a fondu 40 centimètres cubes d'or avec 3 centimètres cubes de cuivre.

Si les deux matières qu'on a fondues avaient des poids spécifiques différents, et si le volume, ainsi que le poids total du mélange, étaient différents de ce qu'on vient de supposer, la méthode, pour trouver les quantités de chaque espèce de matière, n'en serait pas moins la même. Ainsi, pour renfermer dans une seule toutes les solutions des questions de cette espèce, supposons généralement que le nombre total des centimètres cubes des deux espèces de matière soit a ;

4.

que le poids total du mélange exprimé en grammes soit b ;
que le poids d'un centimètre cube de la première matière soit
c, et celui d'un centimètre cube de la seconde soit d, c et d
étant exprimés en grammes.

Alors, si nous représentons par x le nombre des centimètres cubes de la première matière, et par y le nombre de
centimètres cubes de la seconde, les deux équations seront

$$x + y = a,$$

$$cx + dy = b.$$

Cela posé, la première équation donne

$$x = a - y ;$$

la seconde donne

$$x = \frac{b - dy}{c}.$$

Égalant ces deux valeurs, on a

$$a - y = \frac{b - dy}{c} ;$$

d'où l'on tire

$$y = \frac{ac - b}{c - d}.$$

Pour avoir la valeur de x, il faut substituer dans l'équation
$x = a - y$, la valeur qu'on vient de trouver pour y ; et l'on
aura

$$x = a + \frac{b - ac}{c - d},$$

qui (56) se réduit à

$$x = \frac{b - ad}{c - d}.$$

Problème 3. *On a trois lingots, dans chacun des-
quels il entre de l'or, de l'argent et du cuivre. L'alliage
dans le premier est tel, que sur 16 grammes, il y en a
7 d'or, 8 d'argent et 1 de cuivre. Dans le second, sur 16
grammes, il y en a 5 d'or, 7 d'argent et 4 de cuivre.
Dans le troisième, sur 16 grammes, il y en a 2 d'or,*

9 d'argent et 5 de cuivre. On veut, en prenant diffé-
rentes parties de ces trois alliages, composer un troi-
sième lingot, tel que sur 16 grammes, il s'en trouve 4
grammes $\frac{15}{16}$ en or, 7 $\frac{10}{16}$ en argent, et 3 $\frac{7}{16}$ en cuivre.

Représentons par x le nombre de grammes qu'il faut prendre du premier lingot, par y le nombre de grammes qu'il faut prendre du second, et enfin par z le nombre de grammes qu'il faut prendre du troisième.

Puisque 16 grammes du premier contiennent 7 grammes d'or, on trouvera que x grammes de ce même lingot contiennent $\frac{7x}{16}$; on trouvera qu'en prenant y grammes du second lingot, on prend $\frac{5y}{16}$ en or, et sur le troisième $\frac{2z}{16}$.

Ces trois quantités réunies font $\frac{7x + 5y + 2z}{16}$; or, on veut qu'elles fassent 4 $\frac{15}{16}$ ou $\frac{79}{16}$;

donc

$$\frac{7x + 5y + 2z}{16} = \frac{79}{16}.$$

Pour satisfaire à la seconde condition, on remarquera de même qu'en prenant x grammes sur le premier lingot, on prend nécessairement $\frac{8x}{16}$ grammes d'argent; sur le second, $\frac{7y}{16}$, et enfin, sur le troisième, on prend nécessairement $\frac{9z}{16}$. Ces trois quantités réunies font $\frac{8x + 7y + 9z}{16}$; et comme on veut qu'elles fassent 7 $\frac{10}{16}$ ou $\frac{122}{16}$, on aura

$$\frac{8x + 7y + 9z}{16} = \frac{122}{16}.$$

En procédant de la même manière, on aura, pour satisfaire à la troisième condition, l'équation

$$\frac{x + 4y + 5z}{16} = \frac{55}{16}.$$

Comme le nombre 16 est diviseur commun des deux membres de chacune des trois équations qu'on vient de trouver, on peut le supprimer; et alors on aura les trois équations suivantes :

$$7x + 5y + 2z = 79,$$

$$8x + 7y + 9z = 122,$$

$$x + 4y + 5z = 55.$$

Tirant de chacune la valeur de x, on aura

$$x = \frac{79 - 5y - 2z}{7},$$

$$x = \frac{122 - 7y - 9z}{8},$$

$$x = 55 - 4y - 5z.$$

Égalant la première valeur de x à la seconde et à la troisième ,

$$\frac{79 - 5y - 2z}{7} = \frac{122 - 7y - 9z}{8},$$

$$\frac{79 - 5y - 2z}{7} = 55 - 4y - 5z ,$$

équations qui ne renferment plus que deux inconnues, et qu'il faut, par conséquent, traiter selon ce qui a été dit (95).

Pour cet effet, je commence par faire disparaître les diviseurs; puis, tirant les valeurs de y,

$$y = \frac{222 - 47z}{9},$$

$$y = \frac{306 - 33z}{23}.$$

Égalant ces deux valeurs de y, j'ai

$$\frac{222 - 47z}{9} = \frac{306 - 33z}{23},$$

et, après les opérations ordinaires,

$$z = \frac{2352}{784} = 3.$$

Pour avoir la valeur de y, je substitue dans l'une des deux valeurs qu'on a trouvées ci-dessus pour y, j'y substitue, dis-je, au lieu de z, sa valeur 3, qu'on vient de trouver ; par exemple, en substituant dans

$$y = \frac{222 - 47z}{9},$$

$$y = \frac{81}{9} = 9.$$

Enfin, pour avoir x, je substitue, au lieu de y et de z, leurs valeurs 9 et 3 dans l'une des trois valeurs qu'on a trouvées ci-dessus pour x ; par exemple, dans la dernière, savoir

$$x = 55 - 4y - 5z,$$

et cette valeur devient

$$x = 55 - 36 - 15 = 55 - 51 = 4 ;$$

c'est-à-dire, puisqu'on trouve $x = 4$, $y = 9$, et $z = 3$, qu'il faut prendre 4 grammes du premier lingot, 9 du second et 3 du troisième, et alors le nouveau lingot contiendra, en or, 4 grammes et $\frac{5}{16}$; en argent, 7 grammes $\frac{10}{16}$; et en cuivre, 3 grammes $\frac{7}{16}$.

En effet, puisque le premier lingot contient, sur 16 grammes, 7 grammes d'or, 8 d'argent et 1 de cuivre, il est évident que, si l'on prend 4 grammes seulement de ce lingot, on aura $\frac{28}{16}$ de grammes d'or, $\frac{32}{16}$ d'argent, et $\frac{4}{16}$ de cuivre. Par une raison semblable, en prenant 9 grammes du second lingot, on aura $\frac{45}{16}$ d'or, $\frac{63}{16}$ d'argent et $\frac{36}{16}$ de cuivre ; et, en prenant 3 grammes du troisième lingot, on aura $\frac{6}{16}$ d'or, $\frac{27}{16}$ d'argent et $\frac{15}{16}$ de cuivre.

Réunissant les trois quantités de chaque espèce de matière des trois lingots, on aura $\frac{79}{16}$, $\frac{122}{16}$, $\frac{55}{16}$, ou 4 $\frac{15}{16}$, 7 $\frac{10}{16}$ et 3 $\frac{7}{16}$ pour les quantités d'or, d'argent et de cuivre qui entreront, en effet, dans le quatrième lingot.

Considérations générales sur les solutions des équations du premier degré.

105. Lorsqu'on a à résoudre un système d'équations du premier degré, il peut arriver : 1° que les solutions sont positives et déterminées; 2° que les solutions sont indéterminées; 3° que les solutions sont impossibles; 4° que les solutions sont négatives. Le premier cas où les solutions sont positives et déterminées est celui que nous avons d'abord étudié : nous n'avons pas à y revenir.

Équations dont les solutions restent indéterminées.

106. Il arrive quelquefois que, bien qu'on ait autant d'équations que d'inconnues, la question qui a conduit à ces équations reste néanmoins indéterminée, c'est-à-dire qu'elle est alors susceptible d'un nombre indéfini de solutions.

Ce cas a lieu lorsque quelques-unes des conditions, quoique différentes en apparence, se trouvent être les mêmes dans le fond. Alors les équations qui expriment ces conditions sont, ou des multiples les unes des autres, ou en général quelques-unes d'entre elles sont composées d'une ou de plusieurs des autres, ajoutées ou soustraites, multipliées ou divisées par certains nombres.

Par exemple, une question qui conduirait à ces trois équations

$$5x + 3y + 2z = 17,$$
$$8x + 2y + 4z = 20,$$
$$18x + 8y + 8z = 54,$$

serait susceptible d'un nombre indéfini de solutions, quoiqu'il semble, d'après ce que nous avons vu plus haut, que x, y et z ne peuvent avoir chacun qu'une seule valeur.

De ces trois équations, la dernière est composée de la seconde ajoutée avec le double de la première. Or, il est évident que, les deux premières étant une fois supposées avoir lieu, la troisième s'ensuit nécessairement; que, par conséquent, elle n'exprime aucune nouvelle condition : on est donc dans le même cas que si l'on avait seulement les deux premières équations : or, nous verrons dans peu que, lorsqu'on n'a que deux équations pour trois inconnues, chaque inconnue est susceptible d'un nombre indéfini de valeurs.

107. Le calcul fait toujours connaître les cas dont il s'agit ici ; voici comment : il n'y a qu'à procéder à la recherche des inconnues, selon les règles données ci-dessus ; alors, si quelqu'une des équations est comprise dans les autres, on arrivera, dans le cours du calcul, à une équation *identique,* c'est-à-dire à une équation dans laquelle les deux membres seront non-seulement égaux, mais encore composés de termes semblables et égaux : autant on trouvera d'équations identiques, autant il y aura d'équations inutiles parmi celles qui auront été formées.

Par exemple, si de chacune des deux équations

$$6x + 8y = 12$$

et

$$x + \tfrac{4}{3}y = 2,$$

on tire la valeur de x, on aura

$$x = \frac{12 - 8y}{6},$$

et

$$x = 2 - \tfrac{4}{3}y ;$$

égalant ces deux valeurs, on aura

$$\frac{12 - 8y}{6} = 2 - \tfrac{4}{3}y,$$

ou, chassant les dénominateurs,

$$36 - 24y = 36 - 24y,$$

équation identique et qui ne peut faire connaître la valeur de y, parce qu'après la transposition et la réduction, on est conduit à cette équation $0 = 0$.

Pareillement, si l'on avait les trois équations suivantes :

$$5x + 3y + 2z = 24,$$
$$\tfrac{25}{2}x + \tfrac{15}{2}y + 5z = 60,$$
$$15x + 9y + 6z = 72,$$

la première donnerait

$$x = \frac{24 - 3y - 2z}{5} ;$$

la seconde, après avoir chassé les dénominateurs, transposé, réduit, etc., donnerait

$$x = \frac{120 - 15y - 10z}{25} ;$$

et la troisième,

$$x = \frac{72 - 9y - 6z}{15} .$$

Égalant la première de ces valeurs à la seconde et à la troisième, on aurait

$$\frac{24 - 3y - 2z}{5} = \frac{120 - 15y - 10z}{25},$$

et

$$\frac{24 - 3y - 2z}{5} = \frac{72 - 9y - 6z}{15} ;$$

et, en chassant les dénominateurs ,

$$600 - 75y - 50z = 600 - 75y - 50z,$$

et

$$360 - 45y - 30z = 360 - 45y - 30z,$$

équations identiques et dont on ne peut tirer ni y ni z, parce qu'elles se réduisent chacune à $0 = 0$. Il n'y a donc ici, à proprement parler, qu'une seule équation.

Les questions qui conduisent à de pareils résultats sont indéterminées, mais ne sont pas impossibles, ainsi qu'on le verra (110).

Équations dont les solutions sont impossibles.

108. Lorsqu'une question qui ne conduit qu'à de équations du premier degré est impossible, on s'en aperçoit à ce que la suite du calcul conduit à une absurdité, par exemple, conduit à dire $4 = 3$.

Si l'on avait, par exemple, les deux équations

$$5x + 3y = 30,$$
$$20x + 12y = 135;$$

la première donnerait

$$x = \frac{30 - 3y}{5},$$

et la seconde

$$x = \frac{135 - 12y}{20};$$

égalant ces deux valeurs, on a

$$\frac{30 - 3y}{5} = \frac{135 - 12y}{20};$$

en chassant les dénominateurs, on a

$$600 - 60y = 675 - 60y,$$

qui conduit à

$$600 = 675,$$

ce qui est absurde ; donc la question qui conduirait aux deux équations $5x + 3y = 30$, et $20x + 12y = 135$, est impossible et absurde.

Équations dont les solutions sont négatives.

109. Les solutions négatives indiquent aussi une sorte d'impossibilité dans la question ; mais cette impossibilité n'est pas absolue, elle est relative au sens dans lequel les quantités ont été prises ; de sorte qu'il y a un sens dans lequel ces solutions sont naturelles et admissibles (89).

Problèmes indéterminés.

110. On appelle *problème indéterminé* toute question à laquelle on peut satisfaire de plusieurs manières, sans pouvoir déterminer, parmi toutes ces manières, quelle est celle qui donne lieu à la question.

Ces sortes de problèmes ont toujours moins de conditions que d'inconnues ; et, envisagés généralement, ils sont susceptibles d'une infinité de solutions ; mais il arrive souvent aussi que le nombre de ces solutions est limité par quelques conditions qui, ne pouvant pas être réduites en équations, ne permettent pas de déterminer d'une manière directe le nombre des solutions que la question peut avoir.

Si l'on proposait cette question : *Trouver deux nombres dont la somme égale* 24 ; en nommant x l'un de ces nombres, et y l'autre, on aurait $x + y = 24$, équation de laquelle on tire $x = 24 - y$. Or, cette question est susceptible d'une infinité de solutions, si par x et y on entend indifféremment des nombres entiers ou des nombres fractionnaires, et des nombres positifs ou négatifs : il suffit, pour y satisfaire, de prendre pour y tel nombre qu'on voudra, et de conclure la valeur de x de l'équation $x = 24 - y$, en y substituant pour y le nombre qu'on aura pris arbitrairement ; ainsi, si l'on suppose successivement $y = 1$, $y = 1\frac{1}{2}$, $y = 2$, $y = 2\frac{2}{3}$, etc., on aura $x = 23$, $x = 22\frac{1}{2}$, $x = 22$, $x = 21\frac{1}{3}$, etc. Mais si l'on ne veut que des nombres entiers et positifs, alors le nombre des solutions est limité ; car, pour que x soit positif, il faut que y ne soit pas plus grand que 24. Et puisqu'on ne veut que des nombres entiers, il est évident que l'équation ne peut avoir en tout que 25 solutions en y comprenant 0 : de sorte que, supposant successivement $y = 0$, $y = 1$, $y = 2$, $y = 3$, etc., on aura $x = 24$, $x = 23$, $x = 22$, $x = 21$, etc.

111. Mais lorsqu'on impose la condition que les nombres demandés soient des nombres entiers et positifs, on ne voit pas toujours aussi facilement que dans l'exemple précédent comment on peut satisfaire à cette

condition : les questions suivantes sont propres à le faire connaître.

Problème 1. *On demande de combien de manières on peut payer 542 francs en donnant des pièces d'une valeur de 17 francs et en recevant en échange des pièces d'une valeur de 11 francs.*

Représentons par x le nombre des pièces de 17 francs et par y celui des pièces de 11 francs ; en donnant x pièces de 17 francs, on payera x fois 17 francs ou $17\,x$; en recevant y pièces de 11 francs, on recevra $11\,y$; par conséquent, on aura payé $17\,x - 11\,y$; et, puisqu'on veut payer 542 francs, on aura $17\,x - 11\,y = 542$. Tirons la valeur de y, c'est-à-dire de l'inconnue qui a le moindre coefficient, et nous aurons $y = \dfrac{17\,x - 542}{11}$.

Comme on n'a que cette équation, on voit qu'en mettant arbitrairement pour x tel nombre qu'on voudra, on aura pour y une valeur qui satisfera sûrement à l'équation ; mais comme la question exige que x et y soient des nombres entiers, voici comment il faut s'y prendre pour y parvenir directement.

La valeur de $y = \dfrac{17\,x - 542}{11}$ se réduit, en faisant la division, autant qu'il est possible, à $y = x - 49 + \dfrac{6\,x - 3}{11}$; il faut donc que $\dfrac{6\,x - 3}{11}$ soit un nombre entier : soit u ce nombre entier, on aura $\dfrac{6\,x - 3}{11} = u$, et par conséquent $6\,x - 3 = 11\,u$ et $x = \dfrac{11\,u + 3}{6}$, ou, en faisant la division, $x = u + \dfrac{5\,u + 3}{6}$; il faut donc que $\dfrac{5\,u + 3}{6}$ fasse un nombre entier : soit t ce nombre entier ; on aura $\dfrac{5\,u + 3}{6} = t$, et par conséquent $5\,u + 3 = 6\,t$ et $u = \dfrac{6\,t - 3}{5} = t + \dfrac{t - 3}{5}$: il faut donc que $\dfrac{t-3}{5}$ fasse un nombre entier : soit s ce nombre entier, on aura $\dfrac{t-3}{5}=s$, et par conséquent $t=5s+3$: l'opération est terminée ici, parce qu'il est évident qu'en prenant pour s tel nombre entier qu'on voudra, on aura toujours pour t un nombre entier tel que l'exige la question, puisqu'il n'y a plus de dénominateur.

Remontons maintenant aux valeurs de x et y ; puisqu'on a trouvé $u=\dfrac{6t-3}{5}$, en mettant pour t sa valeur $5s+3$, on aura $u=\dfrac{30s+18-3}{5}=6s+3$; et puisqu'on a trouvé $x=\dfrac{11u+3}{6}$, en mettant pour u sa valeur, on aura $x=\dfrac{66s+33+3}{6}=11s+6$; enfin, puisqu'on a trouvé $y=\dfrac{17x-542}{11}$, en substituant pour x sa valeur, on aura $y=\dfrac{187s+102-542}{11}=17s-40$; ainsi les valeurs correspondantes de x et de y sont $x=11s+6$, et $y=17s-40$. Par la première, on est libre de prendre pour s tel nombre entier qu'on voudra ; mais la seconde ne permet pas de prendre s plus petit que 3. En effet, y devant être positif, il faut que $17s$ soit plus grand que 40, ou que s soit plus grand que $\frac{40}{17}$, c'est-à-dire plus grand que 2.

On peut donc satisfaire à cette question d'une infinité de manières différentes, qu'on aura toutes en mettant dans les valeurs de x et de y, au lieu de s, tous les nombres entiers positifs imaginables, depuis 3 jusqu'à l'infini ; ainsi, posant successivement $s=3$, $s=4$, $s=5$, $s=6$, $s=7$, etc., on aura les valeurs correspondantes de x et de y, comme il suit :

$$
\begin{aligned}
x &= 39 & y &= 11 \\
  &= 50 &   &= 28 \\
  &= 61 &   &= 45 \\
  &= 72 &   &= 62 \\
  &= 83,\ \text{etc.} &   &= 79,
\end{aligned}
$$

dont chacune est telle, qu'en donnant le nombre de pièces de 17 francs désigné par x, et recevant le nombre correspondant de pièces de 11 francs désigné par y, on payera 542 francs.

Problème 2. *Former une somme de 741 francs avec 41 pièces de trois espèces, savoir : de 24 francs, de 19 francs et de 10 francs.*

Soient x, y et z les nombres de pièces de chacune de ces trois espèces; puisqu'on veut en tout 41 pièces, on aura

$$1° \qquad x + y + z = 41.$$

2° Chaque pièce de la première espèce valant 24 francs, le nombre x de pièces vaudra x fois 24 francs ou $24\,x$; par la même raison, y pièces de la seconde espèce vaudront $19\,y$, et z pièces de la troisième espèce vaudront $10\,z$; ainsi, les valeurs réunies des trois nombres de pièces différentes monteront à $24\,x + 19\,y + 10\,z$; et, comme elles doivent égaler à 741 francs, on aura

$$24\,x + 19\,y + 10\,z = 741.$$

On prend dans chacune de ces équations la valeur d'une même inconnue, peu importe laquelle, de x, par exemple,

$$x = 41 - y - z,$$

$$x = \frac{741 - 19\,y - 10\,z}{24};$$

on égale ces deux valeurs, ce qui donne

$$41 - y - z = \frac{741 - 19\,y - 10\,z}{24},$$

ou, chassant le dénominateur,

$$984 - 24\,y - 24\,z = 741 - 19\,y - 10\,z;$$

transposant et réduisant,

$$243 = 5\,y + 14\,z.$$

On prend maintenant la valeur de y qui a le plus petit coefficient, et on a

$$y = \frac{243 - 14z}{5} = 48 - 2z + \frac{3 - 4z}{5};$$

or, y et z devant être des nombres entiers, il faut que $\dfrac{3 - 4z}{5}$ soit un nombre entier : soit donc t ce nombre entier, on aura

$$\frac{3 - 4z}{5} = t,$$

ou

$$3 - 4z = 5t;$$

donc

$$z = \frac{3 - 5t}{4} = -t + \frac{3 - t}{4}.$$

Il faut donc que $\dfrac{3 - t}{4}$ soit un nombre entier : soit u ce nombre, on aura

$$\frac{3 - t}{4} = u,$$

ou

$$3 - t = 4u,$$

et par conséquent

$$t = 3 - 4u.$$

Remontons maintenant aux valeurs de y, z et x.

Puisqu'on vient de trouver $z = \dfrac{3 - 5t}{4}$,

on aura, en mettant pour t sa valeur,

$$z = \frac{3 - 15 + 20u}{4} = \frac{20u - 12}{4} = 5u - 3;$$

et puisqu'on a trouvé $y = \dfrac{243 - 14z}{5}$, en mettant pour z sa valeur, on aura

$$y = \frac{243 - 70u + 42}{5} = \frac{285 - 70u}{5} = 57 - 14u.$$

Enfin, puisqu'on a trouvé $x = 41 - y - z$,
on aura

$$x = 41 - 57 + 14u - 5u + 3 = 9u - 13;$$

de sorte que les valeurs correspondantes de x, y et z, sont

$$x = 9u - 13,$$

$$y = 57 - 14u,$$

$$z = 5u - 3,$$

dans lesquelles on peut mettre pour u tel nombre entier qu'on voudra, pourvu qu'il en résulte des nombres positifs pour x, y et z; or, cette condition emporte ces trois autres : 1° que $9u$ soit plus grand que 13, ou que u soit plus grand que $\frac{13}{9}$ ou $1\frac{4}{9}$; 2° que 57 soit plus grand que $14u$, ou que u soit plus petit que $\frac{57}{14}$, c'est-à-dire plus petit que $4\frac{1}{14}$; 3° enfin que $5u$ soit plus grand que 3, ou u plus grand que $\frac{3}{5}$, ce qui ne peut manquer d'arriver dès qu'on observera la première condition : ainsi le nombre des solutions est donc très-limité, et se réduit à trois, que l'on trouve en donnant à u pour valeurs les nombres 2, 3 et 4, qui sont les seuls que l'état de la question admette. On ne peut donc former 744 francs avec 41 pièces des trois espèces proposées qu'en prenant les nombres de pièces marquées ci-dessous, et qu'on trouve en mettant pour u les nombres 2, 3 et 4 successivement dans chacune des valeurs de x, y et z.

x	y	z
5	29	7
14	15	12
23	1	17

Discussion générale des équations du premier degré à une seule ou à deux inconnues.

112. La discussion des équations comprend l'examen des différents cas que les équations peuvent présenter.

113. *Équations à une seule inconnue.* — Toute équation du premier degré à une seule inconnue peut être

ramenée à la forme générale $Ax = B$, dans laquelle A et B sont des quantités connues. De cette équation on tire $x = \dfrac{B}{A}$.

Il peut se présenter trois cas :

1° A et B ont une valeur réelle. Dans ce cas, x n'a qu'une seule valeur finie.

En effet, en désignant le quotient $\dfrac{B}{A}$ par une lettre quelconque q, on aura, en remplaçant x par sa valeur,

$$A \times q = B.$$

Il est évident qu'aucune autre valeur ne convient à x, car s'il en existait une seconde plus grande ou plus petite que q, soit q', le produit $A \times q'$ serait plus grand ou plus petit que celui de $A \times q$, et par conséquent ne serait plus égal à B.

2° A est nul, c'est-à-dire $A = 0$, B vaut un nombre réel, soit $B = m$.

La valeur $x = \dfrac{B}{A}$ devient $x = \dfrac{B}{0}$. Remplaçons A et B par leur valeur, on aura

$$0 \times x = m.$$

Or, quelle que soit la valeur que l'on donne à x, on aura toujours $0 \times x = 0$, et non pas égal à un nombre réel m. Donc aucune valeur ne saurait convenir à x. La solution est impossible.

3° A et B sont nuls tous deux ; $A = 0$, $B = 0$. On a alors $x = \dfrac{0}{0}$.

Si dans l'équation $Ax = B$, on remplace A et B par leur valeur, on obtient

$$0 \times x = 0.$$

Quelle que soit la valeur que l'on donne à x, on aura toujours $0 \times x = 0$. L'équation admet alors une infinité de solutions ; on dit qu'il y a *indétermination*.

En résumé, dans le premier cas il y a une seule valeur réelle pour x ; dans le second cas il y a impossibilité, et dans le troisième il y a indétermination.

114. *Équations à deux inconnues.* — Un système de deux équations à deux inconnues peut être toujours ramené à la forme

$$ax + by = c,$$
$$a'x + b'y = c'.$$

De ces deux équations, on obtient, ainsi qu'on l'a vu précédemment,

$$x = \frac{cb' - bc'}{ab' - ba'},$$

$$y = \frac{ac' - ca'}{ab' - ba'}.$$

Il peut se présenter trois cas principaux :

1° Le dénominateur $ab' - ba'$ et le numérateur $cb' - bc'$ ne sont pas nuls ; ils ont une valeur réelle.

Alors il n'existe pour x qu'une seule valeur, ainsi qu'on l'a vu pour l'équation à une seule inconnue. Or, si l'on introduit cette valeur unique de x dans l'équation $a'x + b'y = c'$, laquelle donne $y = \dfrac{c' - a'x}{b}$,

on voit que y n'aura également qu'une seule valeur finie, puisque le numérateur $c' - a'x$ et le dénominateur b' ne seront pas nuls. Ainsi, dans ce premier cas, il n'y a qu'une seule solution ou racine pour x et une seule pour y.

2° Le dénominateur $ab' - ba'$ est nul, $ab' - ba' = 0$, le numérateur $cb' - bc'$ a une valeur réelle, $cb' - bc' = m$. La valeur de x devient alors

$$x = \frac{m}{0}.$$

Il faut démontrer que, dans ce cas qui indique l'*impossibilité*, y aura une valeur analogue, et qu'on aura

$$y = \frac{m'}{0}.$$

En effet, de ce que le numérateur $cb' - bc'$ n'est pas nul,
il existe une différence entre cb' et bc'; conséquemment on
peut écrire

$$cb' \lessgtr bc'. \qquad\qquad (1)$$

De ce que le dénominateur $ab' - ba'$ est nul, on peut écrire

$$ab' = ba'. \qquad\qquad (2)$$

De l'inégalité (1) on tire

$$\frac{c}{c'} \lessgtr \frac{b}{b'}; \qquad\qquad (3)$$

de l'égalité (2) on tire

$$\frac{a}{a'} = \frac{b}{b'}. \qquad\qquad (4)$$

Si dans l'inégalité (3) on remplace $\frac{b}{b'}$ par sa valeur, dans l'é-
galité (4) on aura

$$\frac{c}{c'} \lessgtr \frac{a}{a'};$$

ou, en chassant les dénominateurs,

$$ca' \lessgtr ac'.$$

Puisque ces deux quantités ne sont pas égales, elles ont une
différence; en appelant cette différence m', on aura

$$ca' - ac' = m'.$$

Conséquemment, la valeur de x étant $x = \dfrac{m}{0}$, la valeur de y

devient aussi $y = \dfrac{m'}{0}$.

On a vu que, dans l'équation à une seule inconnue, $x = \dfrac{m}{0}$

est le symbole de l'impossibilité ; il s'agit de prouver qu'il
en est encore de même dans les équations à deux inconnues.
En effet, en reprenant les deux équations

$$a x + b y = c, \qquad (1)$$

$$a' x + b' y = c', \qquad (2)$$

et les hypothèses

$$c b' - b c' = m,$$

$$a b' - b a' = 0,$$

de la dernière hypothèse on tire

$$a b' = b a',$$

$$a = \frac{b a'}{b'}.$$

Substituant cette valeur de a dans l'équation (1),

$$\frac{b a' x}{b'} + b y = c;$$

d'où $\qquad b a' x + b b' y = c b'.$

Mettant b en facteur commun dans le premier membre,

$$b(a' x + b' y) = c b'. \qquad (3)$$

On voit ici que le premier membre de l'équation (3) se compose du produit de b par le premier membre de l'équation (2).
Conséquemment il faut que le second membre de l'équation
(3) soit aussi égal au produit du second membre de l'équation
(2) par b ; donc il faudrait avoir

$$c b' = b c';$$

d'où l'on tirerait

$$cb' - bc' = 0,$$

ce qui ne saurait être, puisque par hypothèse $cb' - bc' = m$. On voit donc que, dans le second cas de la discussion, il y a *incompatibilité*, c'est-à-dire que deux valeurs prises l'une pour x, et l'autre pour y, ne peuvent satisfaire aux deux équations.

3° Le dénominateur $ab' - ba'$ est nul, ainsi que le numérateur $cb' - bc'$; $cb' - bc' = 0$, $ab' - ba' = 0$.

La valeur de x devient alors

$$x = \frac{0}{0}.$$

Il faut démontrer que, dans ce cas, y prend la même valeur. En effet, puisque $ab' - ba' = 0$,

$$ab' = ba';$$

d'où $$\frac{a}{a'} = \frac{b}{b'}. \qquad (1)$$

Puisque $cb' - bc' = 0$, on a

$$cb' = bc';$$

d'où $$\frac{c}{c'} = \frac{b}{b'}. \qquad (2)$$

Remplaçant dans l'égalité (1) $\frac{b}{b'}$ par sa valeur dans l'égalité (2), on a

$$\frac{a}{a'} = \frac{c}{c'};$$

d'où $$ac' = ca',$$

$$ac' - ca' = 0.$$

Or $y = \dfrac{ac' - ca'}{ab' - ba'}$; remplaçant $ac' - ca'$ par sa valeur, on a $y = \dfrac{0}{0}$. Ainsi dès que $x = \dfrac{0}{0}$, y prend la même valeur.

Dans les équations à une seule inconnue, $x = \dfrac{0}{0}$ est le symbole de l'indétermination ; il en est de même dans les équations à deux inconnues. En effet, reprenons les équations

$$a\,x + b\,y = c, \qquad\qquad (1)$$

$$a'\,x + b'\,y = c', \qquad\qquad (2)$$

et les hypothèses

$$b\,c' - c\,b' = 0, \qquad\qquad (3)$$

$$a\,b' - b\,a' = 0. \qquad\qquad (4)$$

De l'équation (4) on tire

$$a\,b' = b\,a',$$

d'où

$$a = \frac{b\,a'}{b'}.$$

Introduisant cette valeur de a dans l'équation (1), il vient

$$\frac{b\,a'\,x}{b'} + b\,y = c;$$

d'où
$$b\,a'\,x + b\,b'\,y = c\,b'.$$

Mettant b en facteur dans le premier membre,

$$b\,(a'\,x + b'\,y) = c\,b'. \qquad\qquad (5)$$

Dans cette dernière équation (5), le premier membre est égal au produit de b par le premier membre de l'équation (2) ; il faudrait donc que le second membre de l'équation (5) fût égal au produit de b par le second membre de l'équation (2), c'est-à-dire que

$$c\,b' = b\,c';$$

d'où
$$c\,b' - b\,c' = 0,$$

ce qui est conforme à l'hypothèse.

On voit donc que, quelles que soient les valeurs que l'on donne à x et à y, si ces valeurs satisfont à l'une des équations, elles satisferont à l'autre. Il y a donc indétermination. Mais il faut remarquer que cette indétermination n'est pas entièrement conforme à celle des équations à une seule inconnue. En effet, on ne peut ici donner à la fois aux deux inconnues des valeurs arbitraires ; on peut donner une valeur arbitraire à *une seule* de ces deux inconnues, mais alors la deuxième inconnue se trouve avoir une valeur déterminée, et qui dépend de celle qu'on vient de donner à la première. Du reste, on comprend facilement que si, dans une équation à deux inconnues, on remplace une inconnue par un nombre donné, l'équation devient à une seule inconnue, et donne une valeur finie dans le cas prévu par la discussion de ces sortes d'équations.

115. On peut également ramener les systèmes de plusieurs équations à plusieurs inconnues à des formules générales, et soumettre ensuite ces formules à une discussion analogue à celle qu'on vient d'étudier pour les équations à une et à deux inconnues.

116. En résumé, les équations à deux inconnues présentent trois cas principaux :

1° Le dénominateur $ab' - ba'$ et le numérateur $cb' - bc'$ ne sont pas nuls et ont une valeur réelle ; alors x et y n'ont chacun qu'une valeur déterminée.

2° Le dénominateur $ab' - ba'$ est nul, et le numérateur $cb' - bc'$ a une valeur réelle ; il y a incompatibilité.

3° Le numérateur $ab' - ba'$ est nul, ainsi que le dénominateur $cb' - bc'$; il y a indétermination.

Formation des puissances des monômes ; extraction de leurs racines.

117. On appelle *puissance* d'une quantité le produit de cette quantité multipliée par elle-même une ou plusieurs fois de suite. a^3 est la troisième puissance ou le cube de a, parce que a^3 est le produit de $a \times a \times a$. La quantité qu'on a multipliée est autant de fois facteur dans la puissance, qu'il y a d'unités dans l'exposant de cette même puissance.

Ainsi, dans a^5, a est cinq fois facteur; dans $(a + b)^6$, $a + b$ est 6 fois facteur.

118. Puisque pour multiplier les quantités littérales monômes qui ont des exposants, il suffit (22) d'ajouter l'exposant de chaque lettre du multiplicande avec l'exposant de la même lettre du multiplicateur, il s'ensuit donc que *pour élever à une puissance proposée une quantité monôme, il suffira de multiplier l'exposant actuel de chacune de ses lettres par le nombre qui indique à quelle puissance on veut élever cette quantité.* On appelle ce nombre l'*exposant de la puissance.*

Ainsi, pour élever $a^2 b^3 c$ à la quatrième puissance, on écrira $a^8 b^{12} c^4$, en multipliant les exposants 2, 3 et 1 de a, b, c, par l'exposant 4 de la puissance à laquelle on veut élever $a^2 b^3 c$. En effet, pour élever $a^2 b^3 c$ à la quatrième puissance, il faudrait multiplier $a^2 b^3 c$ par $a^2 b^3 c$, puis le produit par $a^2 b^3 c$, et ce second produit par $a^2 b^3 c$; or, pour faire ces multiplications, il faut ajouter les exposants; et ces exposants étant les mêmes dans chaque facteur, les ajouter revient à les multiplier par 4. Le raisonnement est le même à quelque autre puissance qu'on veuille élever un monôme, et quels que soient les exposants actuels des lettres de ce monôme.

119. Lorsqu'on a à faire sur les exposants des quantités, des raisonnements ou des opérations qui ne dépendent point de certaines valeurs particulières de ces exposants, mais qui sont également applicables à toutes sortes d'exposants, on représente ces exposants par des lettres.

Soit à élever la quantité $a^m b^n c^p$ à une puissance quelconque désignée par r ; on écrira $a^{mr} b^{nr} c^{pr}$.

120. Pour élever une fraction à une puissance proposée, on élève à cette puissance le numérateur et le dénominateur.

Ainsi, $\dfrac{a^2 b^3}{c\, d^2}$ élevé à la cinquième puissance devient $\dfrac{a^{10}\, b^{15}}{c^5\, d^{10}}$;

de même, $\dfrac{a^m b^n}{c^p\, d^q}$, élevé à la puissance r, devient $\dfrac{a^{mr}\, b^{nr}}{c^{pr}\, b^{qr}}$.

121. Si la quantité proposée avait un coefficient, on élèverait le coefficient à la puissance proposée, en le multipliant par lui-même, selon les règles de l'arithmétique.

Ainsi, $4\, a^3 b^2$, élevé à la cinquième puissance, donne $1024\, a^{15} b^{10}$.

Quelquefois on se contente d'indiquer cette élévation comme pour les lettres.

Ainsi, on peut écrire $4^5 a^{15}\, b^{10}$.

122. Si l'exposant de la puissance à laquelle il s'agit d'élever est pair, le résultat a toujours le signe $+$; mais s'il est impair, il a le signe $+$ ou le signe $-$, selon que la quantité proposée a elle-même le signe $+$ ou le signe $-$, ainsi qu'on peut s'en assurer en suivant la règle des signes pour la multiplication des monômes.

123. Il résulte des principes précédents que, dans une puissance quelconque, l'exposant actuel de chaque lettre contient l'exposant de sa racine, autant qu'il y a d'unités dans l'exposant de la puissance que l'on considère ; par exemple, dans la quatrième puissance, l'exposant de chaque lettre est quadruple de ce qu'il était dans la quantité primitive qui en est la racine.

124. Donc pour revenir d'une puissance quelconque à sa racine, c'est-à-dire pour extraire une racine, d'un degré proposé, d'une quantité monôme quelconque, *il faut diviser l'exposant actuel de chacune de ses lettres par le nombre qui indique le degré de la racine qu'on veut extraire.* On appelle ce nombre *l'exposant de la racine.*

Ainsi, pour extraire la racine troisième ou cubique de $a^{12} b^6 c^3$, on divise chacun des exposants par 3, et on a $a^4 b^2 c$. Pour extraire la racine cinquième de $a^{20} b^{15} c^5$, on divise chacun des exposants par 5, ce qui donne $a^4 b^3 c$. En général, pour extraire la racine du degré r de la quantité $a^m b^n$, on a $a^{\frac{m}{r}} b^{\frac{n}{r}}$.

125. Le signe de la racine sera indifféremment $+$ ou $-$ si le degré de la racine est pair; mais si ce degré est impair, la racine aura le signe de la quantité même.

Ainsi, la racine quatrième de $a^{12} b^8$ est $\pm a^3 b^2$; la racine cinquième de $-a^5 b^{10}$ est $-a b^2$.

126. Pour extraire la racine d'une fraction, on prend séparément la racine du numérateur et celle du dénominateur.

127. S'il y a des coefficients, on en extrait les racines.

128. Lorsque l'exposant de la racine qu'on veut extraire ne divise pas exactement chacun des exposants de la quantité proposée, c'est une preuve que cette quantité n'est point une puissance parfaite du degré dont il s'agit. Alors l'exposant reste fractionnaire, et indique une racine qui reste à extraire.

Soit à extraire la racine cubique de $a^9 b^3 c^4$, on a $a^3 b c^{\frac{4}{3}}$ où

5.

$a^3\, b\, c\, c^{\frac{1}{3}}$, dans laquelle l'exposant $\frac{1}{3}$ indique qu'il reste encore à extraire la racine cubique de c.

129. On indique aussi les extractions de racines supérieures au second degré en employant le signe $\sqrt{\ }$; mais on place dans l'ouverture de ce signe le nombre qui indique le degré de la racine dont il s'agit.

Ainsi, $\sqrt[3]{a}$ signifie la racine cubique de a; $\sqrt[7]{a}$ représente la racine septième de a. Il faut donc regarder ces deux expressions $\sqrt[3]{a}$ et $a^{\frac{1}{3}}$ comme étant équivalentes; il en est de même de $\sqrt[5]{a^4}$ et $a^{\frac{4}{5}}$.

Calcul des radicaux et des exposants.

130. Les études précédentes peuvent servir à simplifier les quantités radicales ou affectées du signe $\sqrt{\ }$.

Soit l'expression $\sqrt[3]{a^4 b^5}$; comme cette quantité équivaut à $a^{\frac{4}{3}} b^{\frac{5}{3}}$ ou à $a\, a^{\frac{1}{3}}\, b\, b^{\frac{2}{3}}$, qui n'est autre que $a b \sqrt[3]{a b^2}$, on a donc $\sqrt[3]{a^4 b^5} = a b \sqrt[3]{a b^2}$.

De même $\sqrt{\dfrac{a^3}{f}} = \dfrac{a^{\frac{3}{2}}}{f^{\frac{1}{2}}} = a\, \dfrac{a^{\frac{1}{2}}}{f^{\frac{1}{2}}} = a \sqrt{\dfrac{a}{f}}$; ou bien en multipliant le numérateur et le dénominateur par $\sqrt{f}$,

$$\sqrt{\frac{a^3}{f}} = \sqrt{\frac{a^3 f}{f^2}} = \frac{a^{\frac{3}{2}} f^{\frac{1}{2}}}{f^{\frac{1}{2}}} = \frac{a}{f}\, a^{\frac{1}{2}} f^{\frac{1}{2}} = \frac{a}{f} \sqrt{a f}.$$

131. Quand il y a un coefficient, on cherche à le décomposer en facteurs dont le produit soit une puissance parfaite du degré de la racine qu'on veut extraire, ou un multiple de cette puissance, et on opère comme dans les exemples précédents.

Par exemple, si on avait $\sqrt{48 a^2 b^3}$, on le transformerait en

$\sqrt{3} \times 16\,a^2 b^3$ ou $\sqrt{3 \times 4^2 a^2 b^3}$ qui se réduit à $4\,ab\sqrt{3b}$. Pareillement $\sqrt[3]{81\,a^5 b^4} = \sqrt[3]{3} \times 27\,a^5 b^4 = 3\,ab\sqrt[3]{3\,a^2 b}$.

132. Lorsque la quantité est complexe, il ne faut pas diviser chacun de ses exposants ; mais il faut considérer la quantité de ses parties comme ne faisant qu'une seule quantité dont l'exposant est naturellement 1, que l'on divise par l'exposant de la racine qu'il s'agit d'extraire, ce qui ne donne qu'une indication de cette racine.

Par exemple, au lieu de $\sqrt[4]{a^2 + b^2}$ qui revient à $\sqrt[4]{(a^2 + b^2)^1}$, on écrit $(a^2 + b^2)^{\frac{1}{4}}$ ou $\overline{a^2 + b^2}^{\frac{1}{4}}$.

133. Si la quantité totale qui est sous le radical a déjà un exposant, on divise de même cet exposant par celui de la racine qu'on veut extraire.

Ainsi, au lieu de $\sqrt[4]{(a^2 + b^2)^3}$, on peut écrire $(a^2 + b^2)^{\frac{3}{4}}$.

134. L'addition et la soustraction des quantités radicales se réduit à les joindre par le signe de ces opérations, si elles sont dissemblables ; ou à ajouter ou soustraire leurs coefficients, comme dans l'addition et la soustraction ordinaires, si elles sont semblables.

Ainsi, pour ajouter $\sqrt[3]{a}$ avec $\sqrt[4]{b}$, on écrit $\sqrt[3]{a} + \sqrt[4]{b}$. Pour retrancher $7\,a\sqrt[3]{b}$ de $9\,a\sqrt[3]{b}$, on écrit $2\,a\sqrt[3]{b}$.

135. Pour multiplier ou diviser les quantités radicales du même degré, on opère comme s'il n'y avait pas de radical, et on donne au produit ou au quotient le radical commun.

Ainsi $\qquad \sqrt[7]{a^5} \times \sqrt[7]{a^3} = \sqrt[7]{a^8} = \sqrt[7]{a^7}\,a = a\sqrt[7]{a}.$

$$\sqrt[5]{a^2 b^3} \times \sqrt[5]{a^3 b^2} = \sqrt[5]{a^5 b^5} = ab\,;$$

$$a \times \sqrt[5]{\frac{b}{a}} = \sqrt[5]{a^5} \times \sqrt[5]{\frac{b}{a}} = \sqrt[5]{\frac{a^5 b}{a}} = \sqrt[5]{a^4 b}.$$

$$\sqrt{(-a)} \times \sqrt{b} = \sqrt{(-ab)}.$$

$$\sqrt{(-a)} \times \sqrt{(-b)} = \sqrt{(-a \times -b)} = -\sqrt{(ab)}.$$

Ce dernier exemple mérite une explication : il semblerait que $\sqrt{(-a)} \times \sqrt{(-b)}$ donnant suivant la règle $\sqrt{(-a \times -b)}$, et par conséquent $\sqrt{(+ab)}$ ou $\sqrt{ab}$; et tout radical pair étant susceptible des deux signes $\pm$, on devrait avoir $\pm \sqrt{ab}$; mais il faut observer que $\sqrt{(-a)} = \sqrt{a} \times \sqrt{(-1)}$ et $\sqrt{(-b)} = \sqrt{b} \times \sqrt{-1}$, donc $\sqrt{(-a)} \times \sqrt{(-b)}$ $= \sqrt{a} \times \sqrt{-1} \times \sqrt{b} \times \sqrt{-1} = \sqrt{a} \times \sqrt{b} \times \sqrt{(-1)} \times \sqrt{(-1)}$ $= \sqrt{ab} \times \sqrt{(-1)^2}$; or $\sqrt{(-1^2)}$ n'est pas indifféremment ± 1, parce que l'existence actuelle du signe — dans $\sqrt{(-1)^2}$ fait connaître par quelle opération on arrive au carré $(-1)^2$ dont il s'agit d'extraire la racine.

136. Pour diviser $\sqrt[7]{a^5}$ par $\sqrt[7]{a^3}$, on divise a^5 par a^3, et l'on donne au quotient a^2 le signe $\sqrt[7]{}$, ce qui donne $\sqrt[7]{a^2}$.

De même $\quad \dfrac{\sqrt[5]{a^4 b^3}}{\sqrt[5]{a^2 b}} = \sqrt[5]{\dfrac{a^4 b^3}{a^2 b}} = \sqrt[5]{a^2 b^2}$;

$$\frac{a}{\sqrt[5]{a^3}} = \frac{\sqrt[5]{a^5}}{\sqrt[5]{a^3}} = \sqrt[5]{\frac{a^5}{a^3}} = \sqrt[5]{a^2} \; ;$$

$$\frac{\sqrt[5]{a^3}}{a} = \frac{\sqrt[5]{a^3}}{\sqrt[5]{a^5}} = \sqrt[5]{\frac{a^3}{a^5}} = \sqrt[5]{\frac{1}{a^2}} = \frac{1}{\sqrt[5]{a^2}} \; ;$$

car la racine cinquième de 1 est 1. En général, toute puissance ou toute racine de l'unité est l'unité.

137. S'il s'agit d'élever un radical quelconque à une puissance dont l'exposant soit le même que celui du radical, il suffit d'ôter ce radical.

Ainsi, $\left(\sqrt[5]{a}\right)^5 = a$; ce qui est évident en général, si l'on fait attention qu'il faut alors ramener la quantité à son premier état.

138. Pour élever une quantité radicale monôme à une puissance quelconque, il faut élever chacun de ses facteurs à cette puissance.

Ainsi, $\sqrt[7]{a^2 b^3}$, élevé à la puissance quatrième, donne $\sqrt[7]{a^8 b^{12}}$, qui se réduit à $a\,b\,\sqrt[7]{a\,b^5}$; ce qu'on peut voir encore de cette autre manière : $\sqrt[7]{a^2 b^3}$ égalant $a^{\frac{2}{7}} b^{\frac{3}{7}}$; pour élever celui-ci à la quatrième puissance, je multiplie ses exposants par 4, ce qui me donne $a^{\frac{8}{7}} b^{\frac{12}{7}} = a\,b\,a^{\frac{1}{7}} b^{\frac{5}{7}} = a\,b\,\sqrt[7]{a\,b^5}$.

139. Pour extraire une racine quelconque d'une quantité radicale, il faut multiplier l'exposant actuel du radical par l'exposant de cette nouvelle racine.

Ainsi, pour extraire la racine troisième $\sqrt[5]{a^4}$, on écrit $\sqrt[15]{a^4}$, en multipliant 5 par 3. En effet, $\sqrt[7]{a^4} = a^{\frac{4}{5}}$: or, pour extraire la racine de celui-ci, il faut diviser son exposant par 3, ce qui donne $a^{\frac{4}{15}}$, qui égale $\sqrt[15]{a^4}$.

140. Lorsque les quantités radicales proposées ne sont pas toutes du même degré, il faut, pour effectuer sur elles les opérations de multiplication et division, les ramener au même degré au moyen des deux règles suivantes.

141. *Première règle. S'il n'y a que deux radicaux, on multiplie l'exposant de l'un par l'exposant de l'autre; le produit sera l'exposant commun que doivent avoir* *les deux radicaux : on élève en même temps la quantité qui est sous chaque radical à la puissance indiquée par l'exposant de l'autre radical.*

Par exemple, pour réduire à un même radical les deux quantités $\sqrt[5]{a^3}$ et $\sqrt[7]{a^4}$, on multiplie 5 par 7, et on a 35 pour l'exposant du nouveau radical qui sera $\sqrt[35]{}$; on élève a^3 à la septième puissance, et a^4 à la cinquième, ce qui donne a^{21} et a^{20} ; de sorte que les quantités proposées sont changées en $\sqrt[35]{a^{21}}$ et $\sqrt[35]{a^{20}}$.

142. Deuxième règle. *S'il y a plus de deux quantités radicales, on multiplie entre eux les exposants de tous les radicaux ; le produit sera l'exposant commun que doivent avoir tous ces radicaux : on élève en même temps la quantité qui est sous chaque radical à une puissance d'un degré indiqué par le produit des exposants de tous les radicaux autres que celui dont il s'agit.*

Par exemple, soient les trois radicaux $\sqrt[5]{a^3}$, $\sqrt[7]{a^2}$ et $\sqrt[8]{a^7}$; on multiplie les trois exposants 5, 7 et 8, ce qui donne 280 pour l'exposant commun des nouveaux radicaux ; on élève a^3 à la puissance 7×8 ou 56, a^2 à la puissance 5×8 ou 40, et a^7 à la puissance 5×7 ou 35, ce qui donne $\sqrt[280]{a^{168}}$, $\sqrt[280]{a^{80}}$, $\sqrt[280]{a^{245}}$.

143. On se rend facilement compte de cette règle en remarquant que, sur le premier exemple, lorsqu'on élève, selon la règle, a^3 à la septième puissance, on rend a 7 fois aussi souvent facteur qu'il l'était ; mais en rendant l'exposant de son radical 7 fois aussi grand qu'il l'était, on rend a 6 fois moins souvent facteur ; il y a donc compensation, et il n'y a que la forme de changée.

144. On peut conclure de ce raisonnement que lorsque l'exposant de la quantité qui est sous le radical,

et celui du radical même, ont un diviseur commun, on peut en simplifier l'expression en divisant par ce diviseur commun l'un et l'autre de ces deux exposants.

Par exemple, $\sqrt[12]{a^8}$ peut se réduire à $\sqrt[3]{a^2}$, en divisant 12 et 8 par 4. De même, $\sqrt[4]{a^2}$ peut se réduire à $\sqrt{a}$; $\sqrt[6]{a^3}$ se réduit à $\sqrt{a}$.

145. Lorsque l'exposant de la racine à extraire est un nombre composé du produit de deux ou de plusieurs autres nombres, on peut faire cette extraction successivement de cette manière.

Supposons qu'on demande la racine sixième de a^{24}; je puis prendre d'abord la racine carrée, puis la racine cubique, et j'aurai la racine sixième. En effet, $\sqrt[6]{a^{24}}$ se réduit à $\sqrt[3]{a^{12}}$, puis à $\sqrt[1]{a^4}$ ou a^4; ce qui revient à prendre de suite la racine sixième de a^{24} en divisant l'exposant 24 par 6.

146. Comme les exposants fractionnaires tiennent lieu des radicaux, et que les premiers sont plus commodes à employer dans le calcul que les derniers, voici encore quelques explications sur le calcul des exposants.

Soit $\sqrt[6]{a^3}$ à multiplier par $\sqrt[5]{a^4}$; on change cette opération en celle-ci : $a^{\frac{3}{5}} \times a^{\frac{4}{5}}$, qui donne $a^{\frac{7}{5}}$ ou $a\,a^{\frac{2}{5}}$ qui se réduit à $a\sqrt[5]{a^2}$. Soit $\sqrt[5]{a^3}$ à multiplier par $\sqrt[7]{a^4}$; on écrit $a^{\frac{3}{5}} \times a^{\frac{4}{7}}$ ou $a^{\frac{3}{5}+\frac{4}{7}}$, ou (en réduisant les deux fractions au même dénominateur), $a^{\frac{21+20}{35}}$, ou $a^{\frac{41}{35}}$ qui revient à $aa^{\frac{6}{35}}$, ou enfin à $a\sqrt[35]{a^6}$.

En général $\sqrt[m]{a^n b^p} \times \sqrt[q]{a^r b^s}$ se change en $a^{\frac{n}{m}} b^{\frac{p}{m}} \times a^{\frac{r}{q}} b^{\frac{s}{q}}$ qui revient à $a^{\frac{n}{m}+\frac{r}{q}} b^{\frac{p}{m}+\frac{s}{q}}$, ou (en réduisant au même dénominateur), $a^{\frac{qn+mr}{qm}} b^{\frac{pq+ms}{qm}}$, ou enfin à $\sqrt[qm]{a^{qn+mr} b^{pq+ms}}$. Il en est de même de la division ; $\dfrac{\sqrt[5]{a^4}}{\sqrt[5]{a^3}}$ se change en $\dfrac{a^{\frac{4}{5}}}{a^{\frac{3}{5}}} = a^{\frac{1}{5}}$, ou

enfin en $\sqrt[5]{a}$. Pareillement $\dfrac{\sqrt[5]{a^3 b^4}}{\sqrt[7]{a^2 b^3}}$ se change en $\dfrac{a^{\frac{3}{5}} b^{\frac{4}{5}}}{a^{\frac{2}{7}} b^{\frac{3}{7}}} = a^{\frac{3}{5} - \frac{2}{7}}$

$b^{\frac{4}{5} - \frac{3}{7}}$ ou (en réduisant les fractions au même dénominateur) $a^{\frac{21-10}{35}} b^{\frac{28-15}{35}}$, qui se réduit à $a^{\frac{11}{35}} b^{\frac{13}{35}}$ qui égale $\sqrt[35]{a^{11} b^{13}}$.

En général ,

$$\frac{\sqrt[m]{a^n b^p}}{\sqrt[q]{a^r b^s}} = \frac{a^{\frac{n}{m}} b^{\frac{p}{m}}}{a^{\frac{r}{q}} b^{\frac{s}{q}}} = a^{\frac{n}{m} - \frac{r}{q}} b^{\frac{p}{m} - \frac{s}{q}} = a^{\frac{qn - mr}{qm}} b^{\frac{pq - ms}{qm}} = \sqrt[qm]{a^{qn-mr} b^{pq-ms}}.$$

147. Dans l'exemple ci-dessus, nous avons retranché l'exposant de chaque lettre du dénominateur de l'exposant de la lettre correspondante dans le numérateur. La règle que nous avons donnée (41) pour la division ne semble le permettre que lorsque l'exposant du dénominateur est plus petit que celui du numérateur ; mais cela se peut, en général, en donnant à l'excédant le signe —, après la réduction faite ; de sorte qu'on peut, en général, remettre toute fraction algébrique sous la forme d'un entier.

Par exemple, au lieu de $\dfrac{a^3}{b^2}$, on peut écrire $a^3 b^{-2}$. En effet, suivant l'idée que nous avons donnée de la division, l'effet d'un diviseur est de détruire dans le dividende tous les facteurs qui se trouvent dans le diviseur ; dans $\dfrac{a^5}{a^2}$, qui se réduit à a^3, le diviseur a^2 détruit dans a^5 deux facteurs égaux à a. De même, dans la quantité $\dfrac{a^3}{b^2}$ l'effet de b^2 doit être de détruire dans a^2 deux facteurs égaux à b. Si ces facteurs n'y sont pas explicitement, on peut toujours se les représenter : car on conçoit que a contient b un certain nombre de fois, soit entier, soit fractionnaire : soit m ce nombre de fois ; alors a vaut donc m fois b, ou mb : la quantité $\dfrac{a^3}{b^2}$ sera donc $\dfrac{m^3 b^3}{b^2}$ qui se réduit à $m^3 b$; or, la quantité $a^3 b^{-2}$ devient en pareil cas $m^3 b^3 b^{-2}$, ou $m^3 b^{3-2}$, c'est-à-dire $m^3 b$; donc $\dfrac{a^3}{b^2}$ revient au même que $a^3 b^{-2}$.

148. Donc, en général, *on peut faire passer une quantité du dénominateur au numérateur en l'écrivant dans celui-ci comme facteur, mais avec un exposant de signe contraire à celui qu'elle avait dans le dénominateur.*

Ainsi, au lieu de $\dfrac{1}{a^3}$, on peut écrire $1 \times a^{-3}$, ou simplement a^{-3} ; au lieu de $\dfrac{1}{a^m}$, on peut écrire a^{-m} ; au lieu de $\dfrac{a^m b^n}{c^p d^q}$, on peut écrire $a^m b^n c^{-p} d^{-q}$. Au lieu de $\dfrac{a^3 + b^3}{a^2 + b^2}$, on peut écrire $(a^3 + b^3)(a^2 + b^2)^{-1}$; et, eu égard à tout ce qui précède, au lieu de $\dfrac{\sqrt[5]{(a^3+b^3)^4}}{\sqrt[4]{(a^2+b^2)^3}}$, on peut écrire $\dfrac{(a^3+b^3)^{\frac{4}{5}}}{(a^2+b^2)^{\frac{3}{4}}}$, et enfin $(a^3 + b^3)^{\frac{4}{5}} \times (a^2 + b^2)^{-\frac{3}{4}}$.

149. Réciproquement, *si une expression est composée de quantités qui ont des exposants négatifs, on peut faire passer ces quantités au dénominateur, en rendant leurs exposants positifs.*

Ainsi, au lieu de $a^3 b^{-4}$, on peut écrire $\dfrac{a^3}{b^4}$; au lieu de a^{m-3}, qui revient à $a^m \times a^{-3}$, on peut écrire $\dfrac{a^m}{a^3}$, et ainsi de suite.

Formation des puissances des quantités complexes; extraction de leurs racines.

150. Pour élever une quantité complexe à une puissance proposée, il suffit de multiplier cette quantité par elle-même autant de fois moins une qu'il y a d'unités dans l'exposant de cette puissance : mais en se bornant à ce moyen, on tombe souvent dans des calculs très-longs pour parvenir à des résultats qu'on peut obtenir plus rapidement en réfléchissant aux propriétés des produits de quelques-unes de ces multiplications.

151. Il faut d'abord étudier les puissances des quantités binômes, parce que celles-ci conduisent à la formation des puissances des quantités plus composées.

Soit proposée l'étude des produits que l'on trouve en multipliant successivement plusieurs facteurs binômes ayant tous un terme commun.

Soient $x + a$, $x + b$, $x + c$, $x + d$, etc., plusieurs quantités binômes qui ont toutes le terme x commun, et qu'on veut multiplier les unes par les autres.

En multipliant $\qquad$ $x + a$
par $\qquad\qquad\quad$ $x + b$,
on aura $\qquad\qquad$ $x^2 + ax + ab$
$\qquad\qquad\qquad\quad\ + bx.$

Multipliant ce produit par $x + c$, on aura
$$x^3 + ax^2 + abx + abc$$
$$+ bx^2 + acx$$
$$+ cx^2 + bcx.$$

Multipliant ce second produit par $x + d$, on aura
$$x^4 + ax^3 + abx^2 + abcx + abcd$$
$$+ bx^3 + acx^2 + abdx$$
$$+ cx^3 + adx^2 + acdx$$
$$+ dx^3 + bcx^2 + bcdx$$
$$+ bdx^2$$
$$+ cdx^2,$$

et ainsi de suite.

152. Ce qui nous fournit les observations suivantes, en prenant pour un terme tout ce qui est dans une même colonne.

1° Le premier terme de chaque produit est toujours le premier terme x de chaque binôme, élevé à une puissance indiquée par le nombre de ces binômes; de sorte que si le nombre des binômes était m, le premier terme de ce produit serait x^m.

2° Les puissances de x vont ensuite en diminuant continuellement d'une unité jusqu'au dernier terme qui ne renferme plus d'x.

3° Les multiplicateurs de chaque puissance de x (que nous nommerons à l'avenir multiplicateur du terme où se trouvent ces puissances) sont, pour le second terme, la somme des seconds termes a, b, c, etc., des binômes; pour le troisième terme, la somme des produits de ces quantités a, b, c, etc., multipliées deux à deux; pour le quatrième, la somme des produits de ces quantités a, b, c, etc., multipliées trois à trois; et ainsi de suite jusqu'au dernier qui est le produit de toutes ces quantités. Ces conséquences sont évidentes, quel que soit le nombre des quantités $x + a$, $x + b$, etc., qu'on a multipliées.

153. Si l'on suppose maintenant que toutes les quantités a, b, c, etc., soient égales, ce qui rend tous les binômes qu'on a multipliés égaux, les produits trouvés ci-dessus seront donc les puissances successives de l'un quelconque de ces binômes, de $x + a$, par exemple, si l'on suppose que les quantités b, c, d, etc., sont chacune égales à a. Si l'on met donc a dans ces produits, au lieu de chacune des lettres b, c, d, etc., on aura les résultats suivants pour les valeurs des puissances qui sont marquées à côté.

$$x^2 + 2ax + a^2 = (x + a)^2$$
$$x^3 + 3ax^2 + 3a^2x + a^3 = (x + a)^3$$
$$x^4 + 4ax^3 + 6a^2x^2 + 4a^3x + a^4 = (x + a)^4,$$

où l'on voit que si m est l'exposant de la puissance à laquelle on veut élever le binôme, les puissances successives de x seront x^m, x^{m-1}, x^{m-2}, x^{m-3}, x^{m-4}, etc.

154. Pour comprendre comment les coefficients des différents termes de chaque puissance dérivent les uns des autres, et quelle est leur dépendance de l'exposant m, il faut revenir à nos premiers produits, et remarquer que puisque le multiplicateur du second terme est la somme de toutes les quantités a, b, c, etc., il faudra, lorsque toutes ces quantités seront égales à a, qu'il soit composé de a, pris autant de fois qu'il y a de ces quantités; donc si leur nombre est m, ce multiplicateur sera m fois a, ou ma, c'est-à-dire que son coefficient m sera égal à l'exposant du premier terme de cette puissance. C'est ce que l'on voit aussi dans les trois puissances particulières que nous avons exposées ci-dessus.

155. Pour former les multiplicateurs des autres termes, il est évident que tous les produits ab, ac, ad, bc, bd, etc., deviennent chacun égal à a^2 dans la supposition présente; de même tous les produits abc, abd, etc., deviennent chacun égal à a^3, et ainsi de suite. Donc le multiplicateur du troisième terme de chacun de nos premiers produits se réduit alors à a^2, pris autant de fois que les lettres a, b, c, etc., peuvent donner de produits deux à deux. De même, celui du quatrième se réduit à a^3 pris autant de fois que les lettres a, b, c, etc., peuvent donner de produits trois à trois, et ainsi de suite; donc pour avoir le coefficient numérique des troisième, quatrième, etc., termes de la puissance m du binôme $x + a$, la question se réduit à déterminer combien un nombre m de lettres a, b, c, etc., peut donner de produits différents, lorsqu'on prend ces lettres deux à deux, trois à trois, etc.

156. Or, si l'on a un nombre quelconque m de lettres, et qu'on les combine de toutes les manières imaginables deux à deux, trois à trois, quatre à quatre, etc., sans répéter une même lettre dans une même combinaison, on remarque :

1° Que le nombre des combinaisons deux à deux est double du nombre des produits de deux lettres réellement différents. En effet, deux lettres peuvent être combinées l'une avec l'autre de deux manières différentes ; par exemple, a et b donnent ces deux combinaisons ab et ba; mais ces deux combinaisons ne sont pas deux produits différents.

2° Le nombre des combinaisons de plusieurs lettres trois à trois est sextuple du nombre des produits de trois lettres, réellement distincts : en effet, pour avoir les combinaisons de trois quantités a, b, c, il faut, après en avoir combiné deux, a et b, par exemple, ce qui donne ab et ba, combiner la troisième c avec chacune des deux premières combinaisons, c'est-à-dire lui donner toutes les dispositions possibles à l'égard des lettres a et b qui entrent dans ab et ba; or, cela donne six combinaisons de trois lettres, comme il est évident par les dispositions suivantes abc, acb, cab, bac, bca, cba; mais ces six combinaisons ne font chacune que le même produit.

157. Un raisonnement semblable prouve que quatre quantités sont susceptibles de vingt-quatre combinaisons, dont chacune cependant ne fait que le même produit; donc le nombre des produits distincts qu'on peut avoir en combinant plusieurs lettres quatre à quatre, est la vingt-quatrième partie du nombre total de ces combinaisons. De même le nombre des produits distincts qu'on peut avoir en combinant plusieurs lettres cinq à cinq, six à six, sept à sept, etc., est la cent vingtième, la sept cent vingtième, la cinq mille quarantième, etc., partie du nombre total de ces combinaisons ; c'est-à-dire est, en général, exprimé par une fraction qui a pour numérateur le nombre total des combinaisons, et pour dénominateur le produit de tous les nombres 1, 2, 3, 4, etc., jusqu'à celui qui indique de combien de lettres chaque produit est composé.

158. Le nombre total des combinaisons que peut donner un nombre m de lettres a, b, c, etc., prises deux à deux, trois à trois, etc., se trouve facilement. En effet, il est évident, pour les combinaisons deux à deux, que, puisqu'une même lettre ne doit pas être combinée avec elle-même, elle ne peut l'être qu'avec les $m-1$ autres, et, par conséquent, elle doit donner $m-1$ combinaisons ; donc, puisqu'il y a m lettres en tout, elles donneront m fois $(m-1)$ ou $m(m-1)$ combinaisons. Donc, suivant ce qui vient d'être dit, le nombre des produits de deux lettres, réellement différents, sera

$$m\,\frac{m-1}{2}.$$

159. Pour avoir les combinaisons trois à trois, il faut que chacune des combinaisons deux à deux soit combinée avec chacune des lettres qu'elle ne renferme point, c'est-à-dire avec un nombre de lettres marqué par $m-2$; donc chacune de ces combinaisons donnera $m-2$ combinaisons de trois lettres ; puisqu'il y a m $(m-1)$ combinaisons de deux lettres, dont chacune doit donner $m-2$ combinaisons de trois lettres, il y aura en tout $m(m-1)(m-2)$ combinaisons de trois lettres ; donc, puisque le nombre des produits réellement distincts est la sixième partie de ce nombre total de combinaisons, il sera $m \times \dfrac{(m-1)(m-2)}{6}$ ou

$$m \times \frac{m-1}{2} \times \frac{m-2}{3}.$$

On prouvera de même que le nombre des combinaisons quatre à quatre sera $m\,(m-1)\,(m-2)\,(m-3)$; car il faudra combiner chaque combinaison de trois lettres avec toutes les autres lettres que cette combinaison ne renferme point, et qui, étant au nombre de $m-3$, donneront, pour chaque combinaison de trois lettres, $m-3$ combinaisons de quatre lettres; donc le nombre des combinaisons trois à trois étant $m\,(m-1)\,(m-2)$, celui des combinaisons quatre à quatre sera $m\,(m-1)\,(m-2)\,(m-3)$; et puisque le nombre des produits quatre à quatre réellement différents est la vingt-quatrième partie de ce nombre de combinaisons, il sera donc $m \times \dfrac{m-1}{2} \times \dfrac{m-2}{3} \times \dfrac{m-3}{4}$.

Le même raisonnement prouvera que le nombre des produits distincts qu'on peut former en multipliant un nombre m de lettres cinq à cinq, six à six, etc., sera exprimé par

$$m \times \frac{m-1}{2} \times \frac{m-2}{3} \times \frac{m-3}{4} \times \frac{m-4}{5},$$

par $m \times \dfrac{m-1}{2} \times \dfrac{m-2}{3} \times \dfrac{m-3}{4} \times \dfrac{m-4}{5} \times \dfrac{m-5}{6}$,

et ainsi de suite.

160. Concluons donc de là, et de ce qui a été dit (154), que les termes successifs du binôme $x + a$ élevé à la puissance m ou de $(x + a)^m$ sont

$$x^m + m\,a\,x^{m-1} + m \times \frac{m-1}{2}\,a^2 x^{m-2} + m \times \frac{m-1}{2}$$
$$\times \frac{m-2}{3}\,a^3 x^{m-3} +, \text{etc.}$$

C'est-à-dire que le premier terme de la suite ou série qui exprime cette puissance est le premier terme x du binôme élevé à la puissance m; qu'ensuite les exposants de x vont en diminuant d'une unité, et ceux de a en augmentant d'une unité, à partir du second terme où il commence à entrer.

Quant aux coefficients m, $m \times \dfrac{m-1}{2}$, etc., il faut remarquer que celui du second terme est égal à l'exposant du premier; que celui du troisième, qui est $m \times \dfrac{m-1}{2}$, est le coefficient m du précédent, multiplié par $\dfrac{m-1}{2}$, c'est-à-dire par la moitié de l'exposant de x dans ce même terme précédent. De même, le coefficient du quatrième, qui est $m \times \dfrac{m-1}{2} \times \dfrac{m-2}{3}$, n'est autre chose que le coefficient $m \times \dfrac{m-1}{2}$ du terme précédent, multiplié par $\dfrac{m-2}{3}$, c'est-à-dire par le tiers de l'exposant de x dans ce même terme précédent, et ainsi de suite.

161. Toutes les considérations précédentes conduisent à cette règle générale : *Le coefficient de l'un quelconque des termes se trouve en multipliant le coefficient du précédent par l'exposant de x dans ce même terme précédent, et divisant par le nombre des termes qui précèdent celui dont il s'agit.*

Formons, d'après cette règle, la septième puissance de $x+a$, pour servir d'exemple.

Nous aurons $(x+a)^7 = x^7 + 7ax^6 + 21\,a^2 x^5 + 35\,a^3 x^4 + 35\,a^4 x^3 + 21\,a^5 x^2 + 7\,a^6 x + a^7$. En écrivant d'abord x^7, puis multipliant celui-ci par 7, diminuant l'exposant d'une unité et multipliant par a, ce qui donne $7\,ax^6$.

On multiplie celui-ci par $\dfrac{6}{2}$; on diminue l'exposant de x d'une unité, et on augmente celui de a d'une unité, ce qui donne $21\,a^2x^5$ pour le troisième terme.

On multiplie ce troisième terme par $\dfrac{5}{3}$; on diminue l'exposant de x d'une unité, et on augmente celui de a d'une unité, ce qui donne $35\,a^3x^4$ pour le quatrième terme.

Si au lieu de $x + a$, on avait $x - a$, alors les termes auraient alternativement les signes $+$ et $-$ à commencer du premier; car si dans a^4, par exemple, on substitue $-a$ au lieu de $+a$, le signe ne changera point (122); mais il changerait si l'on substituait $-a$ dans une puissance impaire de a.

162. La même formule que nous venons de donner peut servir à élever à une puissance proposée non-seulement un binôme simple comme $x + a$, mais encore un binôme composé tel que $x^2 + a^2$, ou $x^2 + a$, ou $x^3 + a^3$, etc., et même à élever non-seulement à une puissance dont l'exposant serait un nombre entier positif, mais encore à une puissance dont l'exposant serait positif ou négatif, entier ou fractionnaire.

Reprenons la formule $(x + a)^m = x^m + ma\,x^{m-1} + m$

$$\times \frac{m-1}{2}\,a^2x^{m-2} + m \times \frac{m-1}{2} \times \frac{m-2}{3} \times a^3x^{m-3} + \ldots$$

Suivant ce que nous avons dit (149), on peut, au lieu de x^{m-1}, écrire $\dfrac{x^m}{x}$; au lieu de x^{m-2}, écrire $\dfrac{x^m}{x^2}$; au lieu de x^{m-3}, écrire $\dfrac{x^m}{x^3}$, et ainsi de suite. Conformément à ce principe, nous pourrons donc changer notre formule en cette autre

$$(x+a)^m = x^m + \frac{m\,a\,x^m}{x} + m \times \frac{m-1}{2.} + \frac{a^2\,x^m}{x^2}$$

$$+ m \times \frac{m-1}{2}\ \frac{m-2}{3} \times \frac{a^3\,x^m}{x^3} + m \times \frac{m-1}{2},$$

$$\times \frac{m-2}{3} \times \frac{m-3}{4} \times \frac{a^4\,x^m}{x^4}\ldots.$$

Si l'on fait attention maintenant que tous les termes ont pour facteur commun x^m, on pourra donner à la formule cette autre forme

$$(x+a)^m = x^m\left(1 + \frac{m\,a}{x} + m \times \frac{m-1}{2}\ \frac{a^2}{x^2} + m \times \frac{m-1}{2}\right.$$

$$\left.\times \frac{m-2}{3}\ \frac{a^3}{x^3} + \ldots\right),$$

dans laquelle x^m est censé multiplier tout ce qui est entre la parenthèse.

De là nous concluons la règle suivante, pour former d'une manière facile la suite ou série des termes qui doivent composer la puissance m du binôme $x + a$.

163. Règle. *Écrivez sur une première ligne, comme il suit, les quantités*

$$m,\ \frac{m-1}{2},\ \frac{m-2}{3},\ \frac{m-3}{4},\ \frac{m-4}{5} + \ldots.$$

$$1 + m\ \frac{a}{x} + m \times \frac{m-1}{2}\ \frac{a^2}{x^2} + m \times \frac{m-1}{2} \times \frac{m-2}{3}\ \frac{a^3}{a^3}$$

$$+ m \times \frac{m-1}{2} \times \frac{m-2}{3} \times \frac{m-3}{4}\ \frac{a^4}{x^4}\ldots;$$

et ayant écrit l'unité au-dessous et à une place plus avant sur la gauche, formez la suite inférieure par cette loi.

Multipliez cette unité par le premier terme de la suite supérieure et par $\frac{a}{x}$, et vous aurez le second terme de la série inférieure.

Multipliez ce second terme par le second terme de la suite supérieure et encore par $\frac{a}{x}$, vous aurez le troisième terme de la série inférieure.

Multipliez ce troisième terme par le troisième de la suite supérieure et encore par $\frac{a}{x}$, et vous aurez le quatrième terme de la série inférieure ; et ainsi de suite.

Réunissez tous ces termes de la série inférieure, et multipliez la totalité par x^m, *vous aurez la valeur de* $(x + a)^m$.

164. Si, au lieu de $x + a$, on avait $x^2 + a^2$, ou $x^3 + a^3$, ou, etc., au lieu de multiplier successivement par $\frac{a}{x}$, on multiplierait par $\frac{a^2}{x^2}$ dans le premier cas, par $\frac{a^3}{x^3}$ dans le second, et, en général, par le second terme du binôme divisé par le premier, et on multiplierait la totalité, dans le premier cas, par x^2 élevé à la puissance m; et, dans le second cas, par x^3 élevé à la puissance m, c'est-à-dire, en général, par le premier terme du binôme élevé à la puissance proposée.

165. Enfin, si le second terme du binôme, au lieu d'avoir le signe $+$, avait le signe $-$, au lieu de multiplier successivement par $\frac{a}{x}$, lorsqu'on a $x + a$, ou par $\frac{a^2}{x^2}$, lorsqu'on a $x^2 + a^2$, on multiplierait successivement par $- \frac{a}{x}$, ou par $- \frac{a^2}{x^2}$, et ainsi de suite.

Supposons, pour donner un exemple, qu'on demande la sixième puissance de $x^3 + a^3$: on procède comme ci-dessous.

$$6 \quad \frac{5}{2} \quad \frac{4}{3} \quad \frac{3}{4} \quad \frac{2}{5} \quad \frac{1}{6}$$

$$1 + \frac{6\,a^3}{x^3} + \frac{15\,a^6}{x^6} + \frac{20\,a^9}{x^9} + \frac{15\,a^{12}}{x^{12}} + \frac{6\,a^{15}}{x^{15}} + \frac{a^{18}}{x^{18}}.$$

C'est-à-dire qu'ayant écrit la suite 6, $\dfrac{5}{2}$, $\dfrac{4}{3}$....., qui répond à m, $\dfrac{m-1}{2}$, $\dfrac{m-2}{3}$, $\dfrac{m-3}{4}$....., et ayant écrit au-dessous l'unité, pour premier terme de la seconde suite, on multiplie ce premier terme par le premier terme 6 de la suite supérieure, et par $\dfrac{a^3}{x^3}$, ce qui donne $\dfrac{6\,a^3}{x^3}$ pour second terme.

On multiplie $\dfrac{6\,a^3}{x^3}$ par le second terme $\dfrac{5}{2}$ de la suite supérieure, et par $\dfrac{a^3}{x^3}$, et on a $\dfrac{15\,a^6}{x^6}$ pour troisième terme, et ainsi de suite. Enfin on multiplie la totalité des termes formés suivant cette loi par x^3 élevé à la puissance 6, c'est-à-dire par x^{18}, et on a

$$x^{18} + \frac{6\,a^3 x^{18}}{x^3} + \frac{15\,a^6 x^{18}}{x^6} + \frac{20\,a^9 x^{18}}{x^9} + \frac{15\,a^{12} x^{18}}{x^{12}}$$
$$+ \frac{6\,a^{15} x^{18}}{x^{15}} + \frac{a^{18} x^{18}}{x^{18}},$$

qui se réduit à

$$x^{18} + 6\,a^3 x^{15} + 15\,a^6 x^{12} + 20 a^9 x^9 + 15\,a^{12} x^6 + 6\,a^{15} x^3 + a^{18}.$$

166. Si, au lieu d'un binôme, on avait un trinôme à élever à une puissance proposée, si l'on avait, par exemple, $a + b + c$ à élever à la troisième puissance, on ferait $b + c = m$, et l'on aurait $a + m$ à élever à la troisième puissance, qui, selon les règles qu'on vient de donner, serait

$$a^3 + 3a^2m + 3am^2 + m^3.$$

Substituant, au lieu de m, sa valeur $b + c$, on aurait

$$a^3 + 3a^2(b+c) + 3a(b+c)^2 + (b+c)^3.$$

Or, les puissances

$$(b+c),\ (b+c)^2,\ (b+c)^3,$$

étant toutes des puissances de binôme, se trouveront également par les règles précédentes; il ne s'agira plus que de les multiplier respectivement par $3a^2$, $3a$ et 1. En achevant le calcul, on trouvera

$$a^3 + 3a^2b + 3a^2c + 3ab^2 + 6abc + 3ac^2 + 3b^3 + 3b^2c + 3bc^2 + c^3.$$

Extraction des racines des quantités complexes.

167. Lorsqu'on sait trouver tous les termes dont une puissance proposée d'un binôme est composée, il est facile d'en conclure la méthode d'extraire une racine d'un degré proposé, soit que la quantité dont il s'agit soit littérale, soit qu'elle soit numérique.

168. Pour extraire la racine carrée d'une quantité, on se rappellera que le carré de la somme des deux termes est composé du carré du premier terme, du double du premier terme multiplié par le second, et du carré du second. Donc, après avoir ordonné tous les termes, on pourra opérer comme il suit.

1er *Exemple*. Soit à extraire la racine carrée de l'expression $36a^2 + 60ab + 25b^2$.

$$
\begin{array}{r|l}
36a^2 + 60ab + 25b^2 & 6a + 5b \text{ racine.}\\
-\,36a^2 & \\
\hline
 & 12a + 5b\\
+\,60ab + 25b^2 & \\
+\,60ab - 25b^2 & \\
\hline
 0 &
\end{array}
$$

On prend la racine carrée du premier terme $36\,a^2$, laquelle est $6\,a$, qu'on écrit à côté de la quantité proposée.

On élève au carré cette racine, et on écrit ce carré $36\,a^2$ sous le premier terme, avec le signe —, pour le retrancher. La réduction faite, il reste $+\,60\,ab + 25\,b^2$.

Sous la racine $6a$ on écrit son double $12a$, qu'on prend pour diviser le premier terme $60\,ab$ de la quantité restante $60\,ab + 25\,b^2$. On trouve pour quotient $+\,5\,b$, qu'on écrit à la suite de la racine $6\,a$, ce qui donne $6\,a + 5\,b$ pour la racine cherchée ; mais pour confirmer cette opération, on écrit aussi le quotient $5\,b$ qu'on vient de trouver à côté de $12\,a$, et on multiplie le total $12\,a + 5\,b$ par ce même quotient $5\,b$; on porte à mesure les produits sous la quantité $60\,ab + 25\,b^2$, en ayant soin de changer les signes de ces produits ; faisant ensuite la réduction, il ne reste rien ; on en conclut que la racine trouvée $6\,a + 5\,b$ est la racine carrée exacte de $36\,a^2 + 60\,ab + 25\,b^2$.

2e *Exemple.* Soit à extraire la racine carrée de la quantité $9\,b^2 - 12\,ab + 16\,c^2 + 4\,a^2 + 16\,ac - 24\,bc$. Ordonnant cette quantité par rapport à la lettre a, on a

$$4\,a^2 - 12\,ab + 16\,ac + 9\,b^2 - 24\,bc + 16\,c^2.$$

$$
\begin{array}{l|l}
4a^2 - 12ab + 16ac + 9b^2 - 24bc + 16c^2 & 2a - 3b + 4c \text{ racine} \\
-\,4a^2 & \\
\hline
 & 4a - 3b \\
1^{er}\text{ Reste } -12ab + 16ac + 9b^2 - 24bc + 16c^2 & 4a - 6b + 4c \\
\quad\quad +12ab \qquad\qquad -9b^2 & \\
\hline
2^e\text{ Reste} \qquad +\,16\,ac - 24\,bc + 16\,c^2 & \\
\qquad\qquad\qquad -\,16\,ac + 24\,bc - 16\,c^2 & \\
\hline
\text{Dernier reste} \qquad\qquad 0 &
\end{array}
$$

On prend la racine carrée de $4\,a^2$; elle est $2a$, qu'on écrit à côté. On élève au carré $2\,a$, et on l'écrit, avec le signe —, sous $4\,a^2$; faisant la réduction, il reste

$$-\,12\,ab + 16\,ac + 9\,b^2 - 24\,bc + 16\,c^2.$$

Au-dessous de la racine $2\,a$, on écrit son double $4\,a$, qu'on emploie pour diviser le premier terme $-\,12\,ab$ du reste ; on trouve pour quotient $-\,3\,b$, qu'on écrit à la suite du premier terme $2a$ de la racine ; on l'écrit aussi à côté du double $4a$ et on multiplie le tout $4a - 3b$ par le même quotient $- 3b$, écrivant les produits, après avoir changé leurs signes, sous le reste $- 12ab + 16ac$, etc., et faisant la réduction, on a pour second reste $+ 16ac - 24bc + 16c^2$.

On considère à présent les deux termes de la racine $2a - 3b$ comme ne faisant qu'une seule quantité ; on double cette quantité, et on l'écrit au-dessous pour servir de diviseur au second reste ; mais pour faire cette division, on se contente, selon ce qui a été dit (167), de diviser le premier terme $+ 16ac$, par le premier terme $+ 4a$ du diviseur ; on trouve pour quotient $+ 4c$, qu'on écrit à la suite de la racine $2a - 3b$, et à la suite du double $4a - 6b$; on multiplie cette dernière somme $4a - 6b + 4c$ par le nouveau terme $+ 4c$ de la racine ; et changeant, à mesure, les signes des produits, on écrit ces mêmes produits sous le second reste ; faisant la soustraction, il ne reste rien. D'où l'on conclut que la racine trouvée est exacte.

169. Pour faire comprendre comment on peut extraire une racine d'un degré quelconque, supposons à extraire une racine du cinquième degré.

Selon la formule des puissances d'un binôme, la cinquième puissance de $a + b$ est $a^5 + 5a^4b + 10a^5b^2 + 10a^2b^3 + 5ab^4 + b^5$. De ces six termes, les deux premiers suffisent pour établir la règle cherchée.

Le premier terme est la cinquième puissance du premier terme du binôme, et le second est le quintuple de la quatrième puissance de ce même premier terme, multiplié par le second terme ; donc, pour avoir le premier terme de la racine, il faut, après avoir ordonné tous les termes de la puissance donnée, extraire la racine cinquième du premier terme de cette puissance, et pour avoir le second terme de la racine, il faut diviser le second terme de la quantité proposée par le quintuple de la quatrième puissance de la racine qu'on vient de trouver par la première opération. En effet, il est évident que la cinquième racine de a^5 est a, qui est le premier

terme du binôme dont la quantité $a^5 + 5\,a^4 b + $, etc.,
est la cinquième puissance ; et il est également évident
que $\dfrac{5\,a^4 b}{5\,a^4}$ donne b, qui est le second terme de ce binôme.

**Mais comme il pourrait se faire que la quantité proposée
ne fût pas une puissance parfaite du cinquième degré,
après avoir ainsi trouvé le second terme de la racine,
il faudra vérifier cette racine en l'élevant au cinquième
degré et retranchant le résultat de la quantité proposée.**

Exemple : Soit à extraire la racine cinquième de

$$
\begin{array}{l|l}
32a^5+240a^4b+720a^3b^2+1080a^2b^3+810ab^4+243b^5 & \text{Racine} \\
-32a^5 & 2a+3b \\
\hline
\text{Reste } +240a^4b+720a^3b^2+1080a^2b^3+810ab^4+243b^5 & 80a^4
\end{array}
$$

On prend la racine cinquième de $32\,a^5$; elle est $2\,a$, qu'on
écrit à la racine.

On élève $2\,a$ à la cinquième puissance, et on écrit le produit $32\,a^5$, avec un signe contraire, sous le premier terme
$32\,a^5$ de la quantité proposée, ce qui le détruit.

On élève la racine $2a$ à la quatrième puissance, ce qui
donne $16\,a^4$, que l'on quintuple, et on a $80\,a^4$, qu'on écrit sous
la racine $2\,a$; on s'en sert pour diviser le premier terme $240\,a^4 b$
du reste ; la division faite, on a pour quotient $3\,b$, qu'on écrit à
la racine ; de sorte qu'on a $2\,a + 3\,b$ pour la racine cherchée ;
mais pour s'en assurer davantage, on élève $2\,a + 3\,b$ à la cinquième puissance ; on retrouve les mêmes termes que dans la
quantité proposée ; en faisant la soustraction, il ne reste rien ;
d'où l'on conclut que la racine est exactement $2\,a + 3\,b$.

S'il devait y avoir encore un autre terme à la racine, alors
il y aurait un reste, après cette première opération : on regar-
derait $2\,a + 3\,b$ comme une seule quantité, avec laquelle
on opérerait pour trouver le troisième terme, comme on a
opéré avec $2\,a$ pour trouver le second.

170. Pour extraire les racines des quantités numériques, la règle est absolument la même ; la seule difficulté est de saisir à quel caractère on reconnaîtra ce qui

répond au premier terme a^5, et ce qui répond au terme $5\,a^4\,b$.

Pour se conduire dans cette recherche, il n'y a qu'à imaginer que, dans le binôme $a + b$, a représente les dizaines et b les unités ; alors il est évident que a^5 représente des centaines de mille, parce que la cinquième puissance de 10 est 100000 ; donc le premier terme a^5, ou la quantité dont il faudra extraire la racine cinquième pour avoir le premier chiffre de la racine, ne peut faire partie des cinq derniers chiffres sur la droite ; on séparera donc les cinq derniers chiffres ; et, en supposant qu'il en reste cinq seulement ou moins de cinq sur la gauche, on en cherchera la racine cinquième, qui sera facile à trouver, puisqu'elle ne peut avoir qu'un seul chiffre.

Quand on aura trouvé le premier chiffre de la racine, et qu'on aura retranché sa cinquième puissance de la quantité qui a servi à trouver cette racine, on descendra à côté du reste les cinq chiffres séparés ; et, pour avoir la partie qu'il faut diviser par $5\,a^4$, c'est-à-dire par le quintuple de la quatrième puissance des dizaines trouvées, il faudra séparer quatre chiffres sur la droite, et ne diviser que la partie restante à gauche : car $5\,a^4\,b$, qui est la partie qu'on doit diviser par $5\,a^4$, pour avoir b, ne peut faire partie des quatre derniers chiffres ; en effet, comme elle est le produit de $5\,a^4$ par b, elle doit représenter au moins des dizaines de mille, puisque a^4 représente des dizaines de mille.

Ces éclaircissements posés, le procédé pour les quantités numériques est le même que pour l'extraction littérale.

Exemple : On demande la racine cinquième de 380 204 032 :

$$3802.04032\ |\ 52$$
$$3125$$
$$\overline{6770.4032\ |\ 3125}$$
$$380204032$$
$$\overline{0}$$

6.

On sépare les cinq derniers chiffres 04032, et on prend la racine cinquième de 3802 ; ce nombre, ayant moins de cinq chiffres, ne peut donner qu'un chiffre pour cette racine : elle est 5, qu'on écrit à côté.

On élève 5 à la cinquième puissance, et on écrit le produit sous 3802, pour l'en retrancher ; il reste 677, à côté duquel on abaisse les cinq chiffres séparés d'abord ; du total, on sépare quatre chiffres sur la droite, et on divise la partie restante 6770 par le quintuple de la quatrième puissance de la racine trouvée 5, c'est-à-dire par 5 fois 625, ou 3125. On trouve pour quotient 2 qu'on écrit à côté du premier chiffre trouvé 5. Pour vérifier cette racine 52, on l'élève à la cinquième puissance, et on retrouve le nombre même proposé ; d'où l'on conclut que 52 est exactement la racine.

S'il y avait un reste, et qu'on voulût approcher plus près de la racine, on mettrait cinq zéros, et on continuerait pour avoir le troisième chiffre, qui serait une décimale, comme on a fait pour le second.

171. En général, pour extraire une racine de degré quelconque m, il faut séparer en allant de droite à gauche, en tranches de m chiffres chacune, dont la dernière à gauche peut en avoir moins ; prendre la racine du degré m de cette dernière tranche (cette racine n'aura jamais qu'un seul chiffre) ; descendre à côté du reste la tranche suivante ; en séparer $m-1$ chiffres sur la droite, et diviser la partie restante à gauche par m fois la racine trouvée et élevée à la puissance $m-1$, et ainsi de suite. Cela est fondé sur ce que les deux premiers termes d'un binôme $a+b$, élevé à la puissance quelconque m, font $a^m + m a^{m-1} b$, et sur ce que si a représente des dizaines et b des unités, a^m ne peut faire partie des m derniers chiffres, et $m a^{m-1} b$ ne peut faire partie des $m-1$ derniers.

Équations du second degré.

172. Une équation est du second degré lorsque la plus haute puissance de l'inconnue est le carré de cette inconnue.

173. Pour résoudre une équation du second degré, il faut toujours commencer par chasser les dénominateurs, si l'équation contient des fractions, puis transposer les termes et réduire les quantités semblables. Après ces différentes opérations, l'équation se trouvera ramenée à l'une des formes suivantes :

$$a x^2 = c,$$
$$a x^2 + b x = 0,$$
$$x^2 + p x + q = 0,$$
$$a x^2 + b x + c = 0;$$

a, b, c, p et q représentent des quantités connues.

Les deux premières formes, où l'équation ne contient que deux termes, s'appellent *équations incomplètes*; les deux dernières formes, où l'équation renferme trois termes, s'appellent *équations complètes*.

174. L'équation du second degré incomplète ou à deux termes peut affecter deux formes.

1º Soit une équation incomplète de la forme

$$a x^2 = c;$$

en transposant, il vient

$$x^2 = \frac{c}{a},$$

$$x = \pm \sqrt{\frac{c}{a}}.$$

On met devant le radical le double signe $\pm$, parce qu'un carré positif peut avoir sa racine positive ou négative. En effet, $+a$ et $-a$ donnent au carré chacun $+a^2$. Conséquemment la racine de a^2 est $+a$ ou $-a$.

Exemple : Soit l'équation

$$3x^2 = 147.$$

On a
$$x = \pm \sqrt{\frac{147}{3}},$$

ce qui revient à
$$x = \pm 9.$$

2° Soit une équation incomplète de la forme

$$ax^2 + bx = 0.$$

Mettant x en facteur,

$$x(ax + b) = 0.$$

On voit ici que le produit de deux facteurs est nul ; or, cela ne peut être que dans le cas où l'un des deux facteurs serait nul ; il faut donc que $x = 0$, ou que $ax + b = 0$. Dans ce dernier cas, on aura $ax = -b$; d'où $x = \dfrac{-b}{a}$. Ainsi x égale 0, ou bien x est égal au coefficient du second terme pris en signe contraire, divisé par le coefficient du premier terme.

Exemple : Soit l'équation

$$3x^2 + 4x = 0.$$

On aura donc,
$$x = 0,$$

ou bien
$$x = \frac{-4}{3} = -\frac{4}{3}.$$

Pour vérifier la valeur $-\dfrac{4}{3}$, on la substitue à la place de x dans l'équation

$$3x^2 + 4x = 0 ;$$

ce qui donne

$$3\left(-\frac{4}{3}\right)^2 + 4\left(-\frac{4}{3}\right) = 0.$$

Effectuant,

$$3 \left(\frac{16}{9} \right) - \frac{16}{3} = 0,$$

ou
$$\frac{16}{3} - \frac{16}{3} = 0.$$

175. L'équation du second degré complète ou à trois termes peut affecter l'une des deux formes

$$x^2 + px + q = 0,$$

$$ax^2 + bx + c = 0.$$

Dans la première forme, le terme x^2 n'a pas de coefficient exprimé; dans la seconde, au contraire, le premier terme x^2 a un coefficient; du reste, il est facile de ramener la seconde forme à la première. En effet, en divisant chaque terme par le coefficient a du premier terme, on obtient

$$x^2 + \frac{b}{a} x + \frac{c}{a} = 0,$$

équation dans laquelle le premier terme n'a pas de coefficient exprimé, et, par conséquent, de la forme

$$x^2 + px + q = 0, \quad \frac{b}{a} = p \quad \text{et} \quad \frac{c}{a} = q.$$

1° Prenons d'abord l'équation complète de la première forme

$$x^2 + px + q = 0 ;$$

faisons passer le second terme q dans le second membre

$$x^2 + px = - q : \qquad (1)$$

le premier membre $x^2 + px$ peut être regardé comme formé des deux premiers termes du carré d'un binôme, x^2 étant le carré du premier terme de ce binôme, et px étant le double produit du premier terme par le second.

Si x^2 est le carré du premier terme, ce premier terme est x. Si, d'autre part, px est le double produit du premier terme x du binôme par le second, qui nous est inconnu et que nous appellerons un instant y, on aura

$$px = 2xy,$$

d'où

$$y = \frac{px}{2x},$$

et par conséquent

$$y = \frac{p}{2}.$$

Ainsi le second terme est $\frac{p}{2}$, et, par conséquent, le binôme est $x + \frac{p}{2}$. Or, le carré de ce binôme est $x^2 + px + \frac{p^2}{4}$; donc, pour rendre le premier membre de l'équation (1) carré parfait, il faut lui ajouter $\frac{p^2}{4}$, et pour ne pas troubler l'égalité, il faut ajouter la même quantité au second membre : ce qui donne

$$x^2 + px + \frac{p^2}{4} = \frac{p^2}{4} - q.$$

Or, le premier membre est maintenant le carré du binôme $x + \frac{p}{2}$; on peut donc l'écrire de cette manière $\left(x + \frac{p}{2}\right)^2$, et l'équation devient

$$\left(x + \frac{p}{2}\right)^2 = \frac{p^2}{4} - q.$$

Prenant la racine des deux membres

$$x + \frac{p}{2} = \pm \sqrt{\frac{p^2}{4} - q},$$

transposant $\dfrac{p}{2}$ dans le second membre, on a

$$x = -\dfrac{p}{2} \pm \sqrt{\dfrac{p^2}{4} - q}\,;$$

d'où l'on conclut que lorsque l'équation est ramenée à la forme $x^2 + px + q = 0$, l'inconnue est égale à la moitié du coefficient du second terme, pris en signe contraire, plus ou moins la racine carrée du nombre formé par le carré de la moitié du coefficient du second terme et par le troisième terme changé de signe. On voit ici que cette équation a deux solutions ou deux racines, et en les désignant par x' et par x'', on a

$$x' = -\dfrac{p}{2} + \sqrt{\dfrac{p^2}{4} - q}\,,$$

$$x'' = -\dfrac{p}{2} - \sqrt{\dfrac{p^2}{4} - q}\,.$$

La première x' est dite racine positive de l'équation, parce que le radical est précédé du signe $+$; la seconde x'' est dite racine négative, parce que le radical est précédé du signe $-$.

Ces deux racines peuvent toutes deux être des nombres positifs ou des nombres négatifs, ou l'un positif et l'autre négatif.

Exemple : Soit l'équation

$$x^2 + 5x - 84 = 0\,,$$

$$x = -\dfrac{5}{2} \pm \sqrt{\dfrac{25}{4} + 84}\,,$$

$$x' = -\dfrac{5}{2} + \sqrt{\dfrac{25}{4} + 84}\,; \qquad x' = 7\,,$$

$$x' = -\frac{5}{2} - \sqrt{\frac{25}{4} + 84}\,; \qquad x' = -12.$$

Vérifiant la solution $x' = 7$:

$$7^2 + 5 \times 7 - 84 = 0,$$

$$49 + 35 - 84 = 0,$$

$$84 - 84 = 0.$$

Vérifiant la solution $x' = -12$:

$$(-12)^2 + 5\,(-12) - 84 = 0,$$

$$144 - 60 - 84 = 0,$$

$$144 - 144 = 0.$$

2° Prenons maintenant l'équation complète de la seconde forme

$$ax^2 + bx + c = 0\,;$$

et divisons chaque terme par a,

$$x^2 + \frac{b}{a}x + \frac{c}{a} = 0.$$

Cette dernière équation est ramenée à la première forme, car le premier terme n'a plus de coefficient exprimé. Alors, par application de $x = -\dfrac{p}{2} \pm \sqrt{\dfrac{p^2}{4} - q}$, nous aurons ici, en prenant pour p la fraction $\dfrac{b}{a}$, et pour q la fraction $\dfrac{c}{a}$,

$$x = -\frac{b}{2\,a} \pm \sqrt{\frac{b^2}{4\,a^2} - \frac{c}{a}}\,;$$

6.

en réduisant la quantité sous le radical, on a

$$x = - \frac{b}{2\,a} \pm \sqrt{\frac{b^2 - 4\,ac}{4\,a^2}} \; ;$$

ou enfin

$$x = \frac{-\,b \pm \sqrt{b^2 - 4\,ac}}{2\,a} .$$

Exemple : Soit l'équation

$$3\,x^2 + 7\,x - 76 = 0 ,$$

$$x = \frac{-\,7 \pm \sqrt{49 + 4 \times 3 \times 76}}{6} .$$

On voit encore ici que la solution est double, et l'on a

$$x' = \frac{-7 + \sqrt{49 + 4 . 3 . 76}}{6} , \qquad x' = \frac{-7 + 31}{6} = 4 ;$$

$$x'' = \frac{-7 - \sqrt{49 + 4 . 3 . 76}}{6} , \qquad x'' = \frac{-7 - 31}{6} = -\frac{19}{3} .$$

Vérifions la valeur $x' = 4$:

$$3 \times 4^2 + 7 \times 4 - 76 = 0 ,$$

$$48 + 28 - 76 = 0 ,$$

$$76 - 76 = 0 .$$

Vérifions la valeur $x'' = -\dfrac{19}{3}$,

$$3 \left(-\frac{19}{3} \right)^2 + 7 \left(-\frac{19}{3} \right) - 76 = 0 ,$$

$$3 \left(\frac{361}{9} \right) - \frac{133}{3} - 76 = 0 ,$$

$$\frac{361 - 133}{3} - 76 = 0 ,$$

$$76 - 76 = 0 .$$

176. En résumé, il y a deux formes d'équations in-complètes et deux formes d'équations complètes du second degré.

1° Équations incomplètes.

Première forme :

$$a x^2 = c,$$

$$x = \pm \sqrt{\frac{c}{a}}.$$

Deuxième forme :

$$a x^2 + b x = 0,$$

$$x = 0,$$

$$x = \frac{-b}{a}.$$

2° Équations complètes.

Première forme :

$$x^2 + p x + q = 0,$$

$$x = -\frac{p}{2} \pm \sqrt{\frac{p^2}{4} - q}.$$

Deuxième forme :

$$a x^2 + b x + c = 0,$$

$$x = \frac{-b \pm \sqrt{b^2 - 4 a c}}{2 a}.$$

Discussion des racines de l'équation

$$x^2 + px + q = 0.$$

177. Les racines de cette équation sont, ainsi qu'on l'a déjà vu,

$$x = -\frac{p}{2} \pm \sqrt{\frac{p^2}{4} - q}.$$

Il peut se présenter trois cas :

1° La quantité qui est sous le radical est nulle, c'est-à-dire $\frac{p^2}{4} - q = 0$. Dans ce cas les deux racines se confondent; elles sont réelles, égales, et l'on a

$$x = -\frac{p}{2}.$$

2° La quantité placée sous le radical vaut un nombre positif $\frac{p^2}{4} - q > 0$. Alors les racines sont réelles, mais inégales. En effet, séparant les deux racines, on a

$$x' = -\frac{p}{2} + \sqrt{\frac{p^2}{4} - q},$$

$$x'' = -\frac{p}{2} - \sqrt{\frac{p^2}{4} - q}.$$

Retranchant les deux racines de l'équation,

$$x' - x'' = 2\sqrt{\frac{p^2}{4} - q}.$$

Ainsi la différence des deux racines est exprimée par le double du radical; or, si le radical n'est pas nul, le double ne l'est pas à plus forte raison. Puisque les deux racines ont une différence, elles ne sont pas égales.

3° La quantité placée sous le radical vaut un nombre négatif $\frac{p^2}{4} - q < 0$; les racines sont alors imaginaires; en effet, tout nombre positif ou négatif a son carré positif. On ne peut donc trouver une racine dont le carré soit négatif.

En résumé, les trois cas sont :

$\frac{p^2}{4} - q = 0$: les deux racines sont réelles et égales;

$\frac{p^2}{4} - q > 0$: les deux racines sont réelles et inégales;

$\frac{p^2}{4} - q < 0$: les deux racines sont imaginaires.

Détermination a priori des signes des racines dans une équation du second degré.

178. Soit l'équation

$$x^2 + px + q = 0.$$

On sait que les deux racines sont :

$$x' = -\frac{p}{2} + \sqrt{\frac{p^2}{4} - q},$$

$$x'' = -\frac{p}{2} - \sqrt{\frac{p^2}{4} - q}.$$

En additionnant ces deux racines, on a pour leur somme

$$x' + x'' = -p.$$

En les multipliant, on a pour leur produit

$$x' \times x'' = q.$$

Ainsi le produit des deux racines a le même signe que le troisième terme de l'équation, et la somme des racines un signe contraire à celui du second terme. Rien n'est plus facile maintenant que de déterminer à première vue les signes des racines.

1er *Exemple :* Soit l'équation

$$x^2 + ax + m = 0.$$

Le produit des racines étant positif, les deux racines sont de même signe. La somme des racines étant négative, les deux racines sont négatives.

2e *Exemple :* Soit l'équation

$$x^2 + ax - m = 0.$$

Le produit des racines étant négatif, les racines sont de signe contraire ; leur somme étant négative, la plus grande sera négative, puisque la somme de deux quantités de signes contraires porte le signe de la plus grande.

3e *Exemple :* Soit l'équation

$$x^2 - ax - m = 0.$$

Le produit des racines étant négatif, elles sont de signes contraires ; la somme des racines étant positive, la plus grande des deux racines est positive.

Telles sont les conséquences nécessaires du principe démontré plus haut : le produit des racines a toujours le même signe que le troisième terme, et la somme des racines un signe contraire à celui du second terme.

Problèmes du second degré.

Problème 1. *Trouver un nombre tel que le carré de ce nombre, augmenté de 8 fois ce même nombre, égale 33.*

Soit x ce nombre, son carré sera x^2; on aura par conséquent

$$x^2 + 8x = 33,$$

ou

$$x^2 + 8x - 33 = 0.$$

Or

$$x = -4 \pm \sqrt{16 + 33} :$$

donc

$$x' = -4 + 7 = 3,$$

$$x'' = -4 - 7 = -11.$$

De ces deux valeurs, la première satisfait à la question, puisque 9, qui est le carré de 3, étant ajouté à 8 fois 3 ou 24, fait 33. A l'égard de la seconde, comme elle est négative, elle indique qu'il y a une autre question dans laquelle prenant x dans un sens tout contraire, la solution serait 11; c'est-à-dire que la seconde valeur de x doit satisfaire à cette autre question : *Trouver un nombre tel que, si de son carré on retranche 8 fois ce nombre, le reste soit 33.* Ce qui est en effet, car le carré de 11 est 121, et 8 fois 11 font 88, qui, retranchés de 121, donnent pour reste 33.

Pour confirmer ce qui a déjà été dit sur les quantités négatives, remarquons que cette seconde question mise en équation donne $x^2 - 8x = 33$, laquelle étant résolue selon la règle, donne $x = \pm 7 + 4$; c'est-à-dire ces deux valeurs, $x = 11$ et $x = -3$, qui sont précisément le contraire de celles de la première question.

On voit par là qu'une équation du second degré à une seule inconnue a toujours deux solutions.

Car les deux valeurs 11 et -3, substituées, au lieu de x, dans l'équation $x^2 - 8x = 33$, la résolvent également, c'est-à-dire réduisent également le premier membre à 33. On vient de le voir pour 11. A l'égard de — 3 , son carré est $+$ 9 ; et 8 fois — 3 font —24 qui, retranchés de $+$9, donnent $+9+24$, selon ce qui a été enseigné.

Mais on voit en même temps que, si toute équation du second degré a deux solutions, il n'en est pas toujours de même de la question qui a conduit à cette équation.

Car, dans le cas présent, la seconde valeur — 3 ne résout que la question contraire. Au reste , il arrive souvent que les deux solutions de l'équation sont aussi deux solutions différentes de la question. Nous en verrons un exemple dans le troisième problème.

Problème 2. *On devait partager* 175 *francs entre un certain nombre de personnes; mais il y en a deux d'absentes et qui, par cette raison, ne doivent pas avoir de part. Cette circonstance augmente de* 10 *francs la part de chaque personne présente; on demande combien il devait d'abord y avoir de partageants.*

Si on savait quel est ce nombre, on diviserait 175 par ce nombre, pour connaître combien chacun aurait eu si toutes les personnes eussent été présentes. On diviserait ensuite par ce même nombre diminué de deux , pour connaître combien chaque partageant aura réellement ; enfin on verrait si , en ôtant 10 francs de ce second quotient, le reste est égal au premier. On imite ces opérations, en représentant par x le nombre cherché.

Si tous étaient présents, chacun aurait donc $\dfrac{175}{x}$; mais s'il manque deux personnes, chaque partageant aura $\dfrac{175}{x-2}$; puis donc que ce dernier nombre doit être plus grand de 10 que le premier, il faut que $\dfrac{175}{x-2} - 10 = \dfrac{175}{x}$.

Pour résoudre cette équation, on chasse les dénominateurs, ce qui donne $175\,x - 10\,(x-2)\,x = 175\,(x-2)$; puis, en faisant les opérations indiquées, on a $175\,x - 10\,x^2 + 20\,x$

$= 175\,x - 350$, ou $10\,x^2 - 20\,x = 350$; enfin, si l'on divise par 10, il vient
$$x^2 - 2\,x = 35,$$

ou
$$x^2 - 2\,x - 35 = 0.$$

D'où
$$x = 1 \pm \sqrt{1 + 35},$$
$$x' = 1 + 6 = 7,$$
$$x'' = 1 - 6 = -5.$$

La première solution $x' = 7$ est le nombre cherché ; la seconde $x'' = -5$ ne résout le problème qu'en supposant qu'il s'agit de partager 175 francs avec deux nouveaux survenus, et que cette circonstance diminue de 10 francs la part que chacun aurait eue sans cela.

Problème 3. *Un homme achète un cheval qu'il vend, au bout de quelque temps, pour 24 pièces d'or. A cette vente, il perd autant pour cent que le cheval lui avait coûté. On demande combien il l'avait acheté.*

Soit x le nombre de pièces d'or que le cheval a coûté, on aura
$$\frac{100}{100 - x} = \frac{x}{24}.$$

En chassant les dénominateurs,
$$(100 - x)\,x = 24 \times 100,$$
$$100\,x - x^2 = 2\,400 ;$$

en transposant et changeant les signes,
on a
$$x^2 - 100\,x + 2\,400 = 0 ;$$

d'où
$$x = 50 \pm \sqrt{2\,500 - 2\,400},$$
$$x' = 50 + 10 = 60,$$
$$x' = 50 - 10 = 40.$$

Si l'on veut vérifier ces deux solutions, on verra qu'en supposant que le cheval a été acheté 60 pièces d'or, puisqu'alors

100 se réduisent à 40, 60 se réduiront à 24. Et dans le second cas, on verra de même que, 100 se réduisant à 60, 40 se réduiront à 24.

Dans les questions précédentes, l'équation a eu deux solutions, l'une positive, l'autre négative. Dans la dernière, elle en a deux positives ; elle peut en avoir aussi deux négatives : mais cela n'arrive que lorsque l'énoncé de la question est vicieux, car alors chacune de ces deux solutions négatives indique que l'inconnue doit être prise dans un sens opposé à celui de l'énoncé.

Problème 4. *Trouver un nombre tel que, si à son carré on ajoute neuf fois ce même nombre, et encore le nombre 50, le tout fasse 30.*

Cette question, mise en équation, donne

$$x^2 + 9\,x + 50 = 30,$$

ou
$$x^2 + 9x + 20 = 0 \, ;$$

d'où il vient
$$x = -\frac{9}{2} \pm \sqrt{\frac{81}{4} - 20},$$

$$x' = -\frac{9}{2} + \frac{1}{2} = -\frac{8}{2} = -4,$$

$$x'' = -\frac{9}{2} - \frac{1}{2} = -\frac{10}{2} = -5.$$

Ce qui indique que la question doit être changée en cette autre : *Trouver un nombre tel que, si après avoir ajouté 50 à son carré, on retranche du tout 9 fois ce même nombre demandé, il reste 30.*

Problème 5. *Deux associés ont fait, l'un une mise de 30 pièces d'or pendant 17 mois, l'autre, 5 mois après le premier, une mise dont on ne connaît pas le chiffre. Le second, en retirant après les 12 mois sa* *mise et le gain qui lui revient, reçoit 26 pièces d'or ; le gain total était de 18 pièces $\frac{3}{4}$: on demande ce que le second associé a mis et combien chacun a gagné.*

Le premier, ayant mis 30 pièces pendant 17 mois, gagnera autant que s'il en avait mis 30×17 ou 510 pendant un mois.

Le second, ayant mis x pièces pendant 12 mois, gagnera autant que s'il avait mis $12x$ pendant 1 mois. On peut donc supposer que les mises pendant un mois ont été 510 et $12x$. Or, le gain total est $18\frac{3}{4}$; donc, le gain du second sera

$$\frac{12x \times 18\frac{3}{4}}{510 + 12x} = \frac{225x}{510 + 12x}.$$

Or, le gain du second ajouté à sa mise fait 26 pièces d'or ; donc

$$\frac{225x}{510 + 12x} + x = 26,$$

ou $\qquad 225x + 510x + 12x^2 = 13260 + 312x,$

ou encore $\qquad 12x^2 + 423x - 13260 = 0 ;$

en divisant par 12, on a

$$x^2 + \frac{423}{12}x - \frac{13260}{12} = 0,$$

ou $\qquad x^2 + \frac{141}{4}x - 1105 = 0 ;$

ce qui donne $\qquad x = -\frac{141}{8} \pm \sqrt{\left(\frac{141}{8}\right)^2 + 1105},$

$$x' = -\frac{141}{8} + \frac{301}{8} = \frac{160}{8} = 20,$$

$$x'' = -\frac{141}{8} - \frac{301}{8} = -\frac{442}{8}.$$

$x' = 20$ est la seule valeur qui satisfasse à la question, puisque la seconde valeur x'' est négative. Donc la mise du second était 20 pièces d'or, et par conséquent son gain était 6 pièces. Le gain du premier associé était $12\frac{3}{4}$.

TABLE DES MATIÈRES.

. FIN.

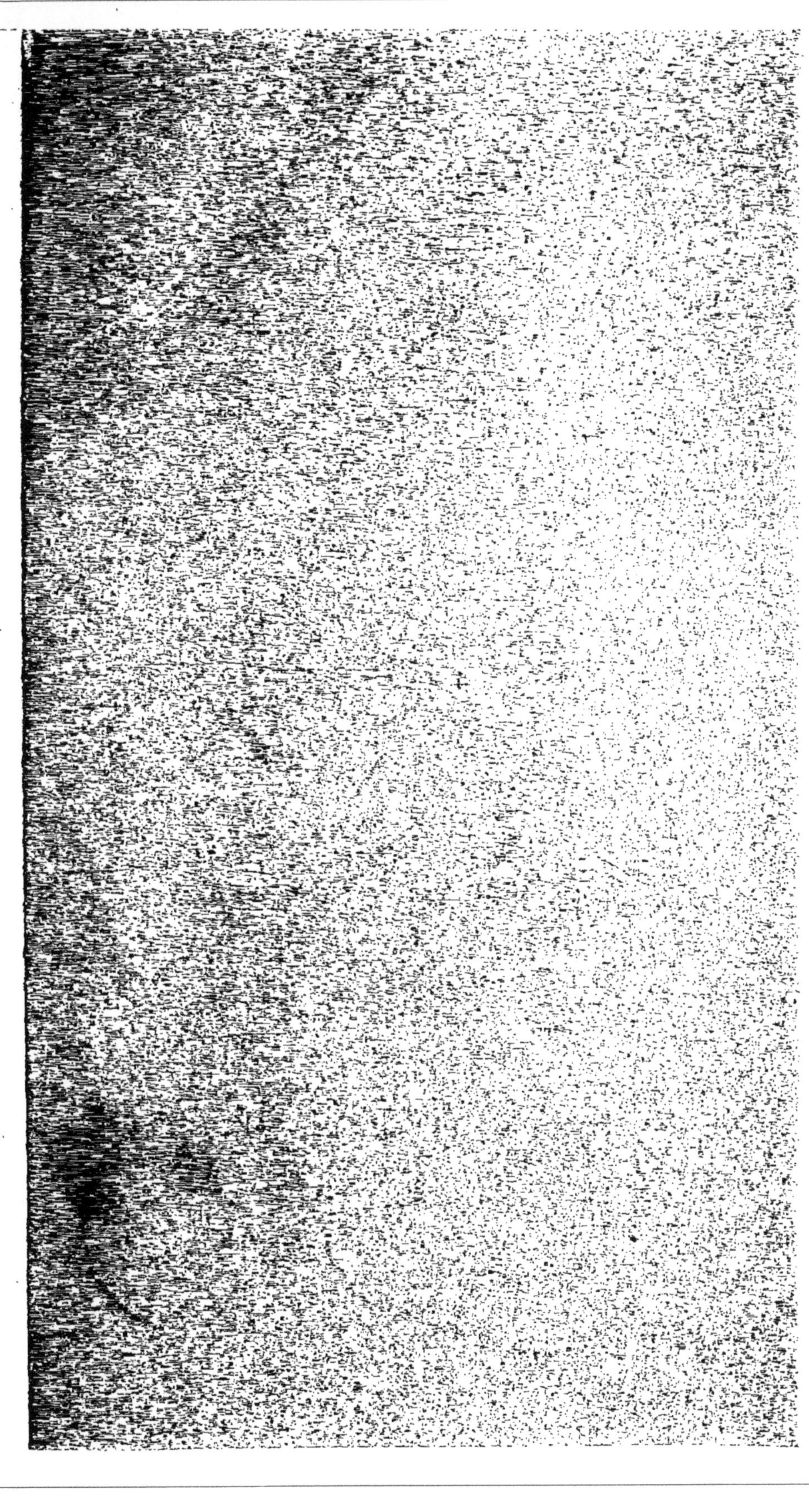

On trouve à la même librairie :

ÉLÉMENTS D'ARITHMÉTIQUE, par *Bezout* : nouvelle édition mise en accord avec le système décimal et précédée d'un précis des poids et mesures, par *M. Honoré Regodt*, professeur de sciences à l'Association philotechnique de Paris ; 1 vol. in-12, avec figures.

ÉLÉMENTS DE GÉOMÉTRIE, par *Clairaut* : nouvelle édition revue et mise en accord avec le système décimal, par *M. Honoré Regodt* ; 1 vol. in-12, avec figures.

NOTIONS DE PHYSIQUE applicables aux usages de la vie, à l'usage des élèves des écoles primaires et normales et des maisons d'éducation, par *M. Honoré Regodt*, 1 vol. in-12, avec des gravures intercalées dans le texte.

NOTIONS DE CHIMIE applicables aux usages de la vie, à l'usage des élèves des écoles primaires et normales et des maisons d'éducation, par *M. Honoré Regodt* ; 1 vol. in-12, avec des gravures intercalées dans le texte.

www.ingramcontent.com/pod-product-compliance
Ingram Content Group UK Ltd.
Pitfield, Milton Keynes, MK11 3LW, UK
UKHW021221140726
13695UKWH00002B/675